U0176630

黄河流域中下游水资源-经济-生态耦合协调发展及应用研究

王爱丽　著

中国农业出版社
北京

前言

FOREWORD

随着社会经济发展，人类所面临的资源（Resources）、经济（Economic）和生态环境（Ecological environment）之间的矛盾日益凸显，资源、经济和生态环境之间的协调发展已成为可持续发展的研究热点之一，也是人类发展追求的永恒目标。

2019年9月18日，习近平总书记在黄河流域生态保护和高质量发展座谈会上发表重要讲话，提出了黄河流域生态保护和高质量发展的主要目标任务，并且党中央、国务院将黄河流域生态保护和高质量发展上升为重大国家战略。2020年1月，中央财经委员会第6次会议明确提出坚持统筹谋划、协同推进，立足于全流域和生态系统的整体性，共同抓好大保护，协同推进大治理，为黄河流域经济高质量发展与水资源优化配置、生态环境保护协调发展提供了有利机遇，更是贯彻落实习近平总书记在党的十九大报告中提出的区域协调发展战略的重要举措。2021年10月中共中央、国务院印发《黄河流域生态保护和高质量发展规划纲要》，该纲要中提到要把黄河流域生态保护和高质量发展作为事关中华民族伟大复兴的千秋大计。

鉴于国家经济生态资源发展的要求及黄河流域水资源-经济-生态的发展状况，本人通过文献查阅、现场调研和资料收集，整理了黄河流域中下游内蒙古、陕西、山西、河南和山东等省份（自治区）的相关资料，在此基础上通过学习和研究，撰写了《黄河流域中下游水资源-经济-生态耦合协调发展及应用研究》，想通过此书将这方面的认识和体会与读者分享。

本书针对社会经济发展与生态环境、水资源之间的协调发展匹配状态中存在的问题和不足，以黄河流域中下游为研究区域，研究了黄河流域中下游水资源-经济-生态（Water Resources-Economic-Ecological，WREE）耦合协调发展理论及内涵特征、综合评价指标体系构建及耦合协调发展评价、未来不同发展情景下近远期模拟预测及应用实例，从点-面尺度对 WREE 耦合协调发展度进行了评判，并对黄河流域中下游水资源-经济-生态耦合协调发展的方法进行分析和探讨。

以上这些内容仅仅是本人在学习、研究与工作实践中的点滴认识和心得体会，愿各位读者通过本书能够更加关注并且参与到黄河流域水资源-经济-生态耦合协调发展的研究和实践中，促使我们国家尽快建立健全黄河流域水资源-经济-生态耦合协调发展的综合评价指标体系及耦合协调发展评价体系，丰富和拓展耦合协调发展相关理论，进而推进黄河流域生态保护和高质量发展的进程。

本书由王爱丽撰写并统稿。本书在编写的过程中，从专业要求出发，力求加强基本理论、基本概念和基本技能等方面的阐述。华北水利水电大学张先起教授、刘新阳教授、汪顺生教授以及陈豪、龚雪文、张昊、张磊和傅渝亮等博士生对全书进行了系统的审阅，提出了许多宝贵的修改意见，在此表达最诚挚的谢意。中国农业出版社的编辑为专著的出版付出了辛勤的劳动，研究生杨金月、陈春来、燕永芳等参与了本书的文字图表处理工作，在此表示衷心的感谢。

由于作者水平有限，书中难免存在缺点和错误，恳请读者批评指正。

著　者

2022 年 6 月于郑州

CONTENTS

目 录

1 绪 论

1.1 研究背景及意义

1.1.1 研究背景

随着社会经济发展，人类所面临的资源（Resources）、经济（Economic）和生态环境（Ecological environment）之间的矛盾日益凸显，资源、经济和生态环境之间的协调发展已成为可持续发展的研究热点之一[1]，资源、经济与生态环境之间的协调发展是人类发展追求的永恒目标[2]。

近年来，国家在宏观层面针对协调发展、绿色发展制定和出台多项政策，这对构建资源节约型、环境友好型社会，走生态良好的绿色发展道路具有重要的战略意义[3,4]。党的十八大以来，党中央、国务院高度重视经济生态协调发展，习近平总书记提出了"绿水青山就是金山银山"和"创新、协调、绿色、开放、共享"发展理念。2019年9月18日，习近平总书记在黄河流域生态保护和高质量发展座谈会上发表重要讲话，提出了黄河流域生态保护和高质量发展的主要目标任务，强调加强生态环境保护，保障黄河长治久安，推进水资源节约集约利用，推动黄河流域高质量发展，为新时代黄河保护与发展提供了根本遵循，并且党中央、国务院将黄河流域生态保护和高质量发展上升为重大国家战略。2020年1月，中央财经委员会第6次会议明确提出坚持统筹谋划、协同推进，立足于全流域和生态系统的整体性，共同抓好大保护，协同推进大治理，为黄河流域经济高质量发展与水资源优化配置、生态环境保护协调发展提供了有利机遇，更是贯彻落实习近平总书记在党的十九大报告中提出的区域协调发展战略的重要举措。

黄河流域是我国七大重要流域之一，流经青、川、甘、宁、内蒙古、晋、陕、豫、鲁9省区，流域面积占全国国土总面积的7.2%，黄河流域是我国重要的生态屏障和经济地带，也是我国重要资源和粮食主产区，在我国经济社会发展和生态安全方面具有十分重要的地位[5]。2018年底，流域沿线9省区总人口4.2亿人，约占全国的30.3%[6]。黄河水资源总量不到长江的7%，人均占有量仅为全国平均水平的 27%。水资源利用较为粗放，农业用水效率不高，水资源开发利用率高达 80%，远超一般流域 40% 生态警戒线；黄河流域正竭力维持其生态功能，全域地区生产总值 23.9 万亿元，占全国的 26.5%[7]，养育着我国约 30% 的人口，灌溉着 15% 的耕地。

黄河宁，天下平。然而，多年来，以农业生产、资源开发为主的经济社会发展方式与黄河流域资源环境特点和承载能力不匹配。黄河上游局部地区生态系统退化、水源涵养功能降低；中游水土流失严重，汾河等支流污染问题突出；下游生态流量偏低、一些地方河口湿地萎缩。黄河流域的工业、城镇生活和农业面源三方面污染，加之尾矿库污染，使得 2018 年黄河 137 个水质断面中，劣 V 类水占比达 12.4%，明显高于全国 6.7% 的平均水平。经济发展滞后、水资源短缺、局部生态环境污染、生态潜在危机高成为黄河流域面临的核心问题，实现黄河流域经济发展、水资源配置与生态环境之间的高效联动协同发展十分紧迫[8]。

综上现实背景、政策背景，针对黄河流域面临的社会经济、水资源与生态环境发展不协调问题，初步了解黄河流域水资源、经济发展、生态环境三者之间的良性互动与区域可持续发展存在的问题以及研究现状，亟需判别黄河流域层面和流域内各行政单元层面的水资源-经济-生态协调发展情况，系统研究黄河流域水资源-经济-生态的耦合协调发展势态，运用可持续发展理论、系统论和耦合协调发展理论，提出黄河流域高质量发展内涵特征，深入分析其耦合协调发展的目标、内容、特征、机理和可行性，探寻其内部的逻辑关系和耦合原理，并准确识别黄河流域水资源-经济-生态协调发展中的关键制约因子，分析各指标的时空分布特征，构建黄河流域中下游水资源-经济-生态（Water Resources-Economic-Ecological，WREE）耦合协调发展评价模型，判定黄河流域中下游近 20 年耦合协调发展度，并预测黄河流域中下游未来 20 年不同情景的耦合协调发展度；以山东省东平县为点尺度，验证 WREE 耦合协调发展度评价和预测模型，并对现状及未来情景进行评价，提出相应的对策建议；丰富和拓展耦合协调发展相关理论，为黄河流域生态保护和高质量发展提供科技支撑和理论依据。

1.1.2 研究目的及意义

由于水资源、经济社会发展结构以及生态环境状况始终处于动态演变的过程，同时又相互作用、相互影响，为研究不同系统动态变化及其相互影响机理，必须将水资源-经济-生态作为研究对象进行整体研究。如何围绕区域生态环境保护和经济高质量发展，将黄河流域水资源-经济-生态之间耦合由低级共生转向高级协调发展的过程，既能保障经济社会、生态环境协调发展的水资源可持续利用或有限水资源的最优配置和利用,又能为政策的有效选择以及政策方案的制订提供分析工具与判别依据是本书研究的目的。

开展黄河流域中下游水资源-经济-生态耦合协调发展及应用研究,构建耦合协调发展评价指标体系,研究水资源、社会经济和生态环境的关系,以量化水资源可持续利用及维持生态环境平衡的模式作为黄河流域中下游经济高质量发展的重要约束条件;在发挥水资源高效利用及平衡生态环境功能的同时,寻求社会经济发展与生态环境、水资源之间的最佳耦合匹配状态,科学合理促进经济结构和产业布局,并最终达到 WREE 中水资源、经济发展与生态环境 3 个子系统之间的功能互补、相互促进和协调发展,也是实现区域水资源永续利用,经济持续增长,生态环境良性循环的关键,对于完善黄河流域综合指标评价方面保护生态环境、提升经济高速发展、实现水资源区域优化配置、保障黄河流域水资源-经济-生态耦合协调发展具有重要的理论价值和现实意义。

1.2 国内外研究现状及存在的问题

1.2.1 水资源、经济、生态耦合研究

流域是由水资源子系统、经济发展子系统和生态环境子系统组成的具有整体功能和层级结构的耦合系统,是一个层级复杂、功能统一、多因子影响的复杂巨系统,其固有特征为多功能、多层级、多时段及多不确定性因素,兼具资源供给、人口增长、社会发育、经济发展和生态保护属性。流域水资源-经济-生态系统是涉及行为主体-生态-环境-经济-社会的复杂系统,在水资源子系统、经济发展子系统和生态环境子系统的物质、能量和信息的交换和转换下,相互作用,相互影响,形成了一个有机的耦合整体,促进流域系统的形成、演化和发展。

水资源-经济-生态耦合研究已成为流域地理学(城市地理学的延伸)[9]研究的热点和前沿。水资源作为基础性的自然资源和战略性的经济资源,同时,也是生态与环境的控制性要素,具有不可替代性,更是判别区域耦合是否协调发展的重要标准,因此关于水资源-经济-生态系统耦合的方法、测度、驱动力、模式与机制成为国内外学者的研究热点[10]。

系统耦合理论研究最早是在 20 世纪 30 年代为研究经济与环境之间的相关关系而衍生的。尽管凯恩斯不是真正意义上的发展经济学家,但当时西方发达国家却对他提出的关于资本主义经济如何运行的理论机构和思想极力推崇,由于当时资源环境问题并不突出,凯恩斯学说又有效降低了失业率,因此当时

过分强调发展经济。但是，自 20 世纪 60 年代开始，全球性的资源、生态环境问题日益突出，人类不得不选择一种能在环境资源约束下有助于社会福利进一步增加的经济发展模式。20 世纪 70 年代，Haken 首次提出"系统耦合"的概念[11]，他认为自然界中存在各种各样具有不同属性的系统，虽然系统的组成千差万别，但各个系统之间往往存在着一定程度的关联关系，既可能是一种正向促进的关系，又可能是一种负向制约的关系，这种关系因不同系统而定[12]。同年，荷兰统计局构建的《包含环境账户的国民经济核算矩阵》[13]以及 1993 年联合国在 93SNA 的基础上推出的《环境与经济综合核算附属体系》[14]，整合了政治学、生态学、经济学等多学科与多方法的理论体系，便于从整体上考察和分析社会资源（包括水资源）、经济与环境要素之间的关系。Costanza[15]认为生态系统服务代表了地球总经济价值的一部分，这为资源-生态-经济系统耦合研究奠定了理论基础。同时，他还认为生态系统服务对人类福利的贡献有很大一部分是纯公共产品性质的，服务价值和可观察到的当前消费行为之间几乎没有关系，因此，要实现可持续发展，不仅仅是注重经济发展和加强环保，其前提是社会在这个框架中合理管理分配资源，使资源得到充分利用。Beghin 等[16]分析了越南主要河流流域的经济发展与资源消耗和环境破坏之间的相互影响关系，经济发展与资源消耗和环境破坏之间的耦合程度不高。Jeroen[17]研究了生态可持续经济发展对综合建模的动态影响，摒弃了一个过程和一个变量的看法，从过程结合的角度来看待资源-经济-生态系统耦合，并对各子系统之间的作用机制进行了验证。Alexey 等[18]基于通用生态系统模型，在景观模型（PLM）的基础上构建了流域的水资源生态经济模型，分析描述了空间尺度和结构尺度在复杂空间分布模型标定中的作用。Jeroen[19]基于 Wackernagel 和 Rees 提出的生态经济分析的观点，提出了可持续的资源-生态-经济发展理念，构建了资源-生态-经济系统动态模型，揭示了自然资源子系统、生态子系统和经济子系统之间的相互作用和反馈机制。Mutisya 和 Yarime[20]分析了赞比亚的资源、环境、社会和经济之间的耦合协调度，应加强环境和社会的管理提高耦合程度。

国内学者吴泽宁[21]以生态经济学为基础，揭示水资源生态经济价值的内涵及构成，建立了物质循环和能量流动的转换关系，提出了水资源生态经济价值的能值评估方法；马向东[22]以生态经济学为基本理论，将水资源与生态经济系统耦合定性地描述为一个复杂的巨系统，结合耗散理论和协同学中的序参量概念，从系统内部社会经济、水资源和生态环境子系统之间在相互竞争、相互协作的关系中达到动态平衡和演化的角度出发，提出了一套子系统序参量指标体系及衡量方法；姚志春[23]探讨了区域水资源生态经济复合系统关系的耦合规律，并开展了系统关系的评价与调控。Luo 等[24]将降雨径流模型、河流水质模型和生态模型耦合起来，建立了 SEWE 模型，并将社会经济、水、生态模型与和谐调控模型相结合，提出了一种新的社会经济、水与生态协调发展评价框架。

1.2.2 协调发展评价研究

（1）协调发展指标体系构建

目前，国内外协调发展综合评价指标体系的构建集中在构建原则、构建（初选）及检测（优选）方法、结构优化方法等几个方面[25]。

国外的协调发展指标体系涵盖了健康与环境、经济繁荣、平等、保护自然、资源管理、持续发展的社会、公众参与、人口、国际责任和教育等十个方面[26]，具有代表性的有：联合国可持续发展委员会等机构[27]构建了环境、经济、社会和机构协调发展指标体系；英国环境部环境统计和信息管理处在可持续发展战略目标指导下设置协调发展指标体系[28]；欧盟的可持续发展综合指数、荷兰的绿色增长指数、德国的新福利指数[29]、美国的新经济指数[30]及联合国的社会进步指数[31]等，分别从可持续发展、绿色发展与新经济发展等维度对经济协调发展评价指标体系进行构建。同时，部分学者论述了指标选取原则，如 Liverman[32]等提出测度协调性的指标应符合随时间变化的敏感性、随空间或内部组分变化的敏感性、预见性、参照值或阈限值的有效性、测度可逆性或可控性的能力、适合数据的变换、综合的能力、数据收集和使用相对简便等 8 个标准；Slyunina[33]提出了指标的易得性、易于理解、可测度、显著性、基于复杂系统理论的区域协调发展研究可以快速获得、可比性、指标可以描述相对值而不仅仅是绝对值等 7 个标准。因此，指标应在足够可衡量的范围内进行测量，并尽可能与国际标准接轨；指标应在同一个主题范围内相互一致并能平衡不同维度；指标组合应尽量透明和方便。

我国的协调发展指标体系最早由叶文虎和唐剑武[34,35]初步构建，制定了区域协调发展指标体系框架图；张世秋[36]依据 PSR 框架，在可持续发展指标体系研究成果的基础上，建立了关于生态、资源和经济制度等方面的指标体系；牛文元[37]通过分析研究协调发展总体目标、理论体系内容主体、系统内部关系结构，将指标体系分为目标层、系统层、指标层、变量层等 4 个等级；魏一鸣等[38]针对区域可持续发展提出由人口、资源、环境和经济组成的PREE 复合系统；Brooks 等[39]开发了能源-经济-环境综合模型系统，为领域的系统分析和技术评估提供分析工具；车冰清等[40]构建了江苏省经济社会协调发展评价指标体系；崔东文[41]构建了适合于相对丰水地区水资源与经济社会发展协调度评价的指标体系和分级标准，并基于支持向量机（SVM）与概率神经网络（PNN）模式识别原理及方法，构建了 SVM 与 PNN 流域水资源与经济社会发展协调度识别模型；在达到预期识别精度后将模型运用于文山州水资源与经济社会发展协调度识别。刘丙军[42]构建了一种基于协同学原理的流域水资源供需系统演化特征识别模型，揭示了东江流域不同发展时期协同异化特征演化规律。花建慧[43]根据水资源的流动性（流域）及水资源可重复利用性等特点，基于循环经济理论，论述了经济协调发展应合理规划、完善法律法规体系，并且建立和培育市场运作、补偿机制、恢复机制、技术创新等机制；李芳林等[44]以环境安全理论为基础，设计构建了江苏省环境与人口、经济协调发展指标体系。陈俊贤等[45]分析了河流水库梯级开发的关键影响因子，构建评价指标体系研究河流生态健康。在指标构建原则方面，刘求实[46]等提出在研究和确定评价指标体系及其评价方法时，应遵循科学性、客观性、简便性、可行性、引导性和可比性原则。

（2）协调发展指标评价方法

从 18 世纪 60 年代到 20 世纪 40、50 年代，西方国家从第一次的"产业"革命到第二次的"电力"革命，并发展到"高科技革命"阶段，无不给人类发展创造了巨大的生产力，并促进了经济的发展，改变了世界面貌，但随之而来的人口数量膨胀、自然资源耗减和生态环境污染等一系列问题影响了人类社会的可持续发展。为了更加客观、准确地反映能源、经济与环境耦合可持续发展程度，国外学者在协调发展评价方法方面进行了探索与研究。

国外早期以定性研究方法为主，主要集中在能源、经济与环境等方面，并且注重案例分析、实地调查和文献比较；而后计量模型时代的到来使定性与定量相结合的研究方法得到极大的发展与应用，层次分析法[47]、变异系数法[48]、因子分析法[49]、熵权法[50]等统计分析法较多运用于土地、森林等资源性评价中，并且基于上述方法的基础上，可采用生态足迹、碳足迹方法[51]定量评价资源与环境之间的协调程度，并且定量描述土地利用对生态环境影响程度；近些年，RS 和 GIS 方法的广泛使用，并结合"3S"空间分析法，已成为定量评价分析经济、资源、环境协调发展的有效工具[52,53]。

目前，我国主要使用主成分分析法、神经网络法、灰色系统模型和模糊数学模型、水足迹模型、系统动力学模型等。吕王勇[54]利用主成分分析法，较全面描述水资源与社会经济发展的七个指标，针对四川各地级市的发展情况，科学地给出各地级市水资源与社会经济发展的协调程度及排名，并对各区域发展存在的不足之处及其未来的发展提出建议。潘安娥等[55]为定量评价湖北省水资源利用与经济增长的协调关系，计算了湖北省 1995—2010 年水足迹和水资源利用指标，识别其真实水资源利用情况，分析社会生产、生活对水资源系统造成的压力及其程度，并从水资源管理制度、水权制度改革、价格杠杆调控、农业节水工程建设四个方面提出了促进湖北省水资源利用与经济协调发展的调控策略。杜湘红[56]采用水资源环境与社会经济协调发展评价函数，基于灰色关联度模型分析了洞庭湖流域 24 县市系统耦合度及动态耦合过程仿真测度。Cui 等[57]应用基于系统动力学模型和耦合协调度模型的动态评价方法研究了昆明市 2016—2025 年的社会经济与生态环境协调发展程度。通过对商业模拟情景和五种替代调节情景的模拟，评价了不同的社会经济发展模式和水资源保护措施对改善耦合协调度的有效性。尝试将降雨径流模型、河流水质模型和水生态模型耦合起来，建立一个耦合系统模型，即分布式社会经济水生态模型，对河流水质和水生态因子等社会经济因素进行综合模拟，提出了一种新的社会经济、水与生态协调发展评价框架。当然，除了上述主流方法受到广泛的肯定，还有部分学者采用其他改进方法对典型区域进行了研究，如在水资源优化配置应用方面，唐德善[58]运用多目标规划方法，建立了大流域水资源多目标优化分配模型，并对动态规划模型进行求解。李丽琴等[59]针对内陆干旱区城市发展和生态环境保护的强烈互斥性，在整体识别内陆干旱区水循环与生态演变耦合作用机理上，构建基于生态水文阈值调控的水资源多维均衡配置模型；王浩等[60]提出了基于流域 ET 的水资源配置，首次定量给出了基于二元水循环结构和 ET 分配基础上的流域水资源整体配置；孙月峰等[61]针对区域水资源优化配置中重水量轻水质、重国民经济需水轻生态环境需水的问题，构建了基于混合遗传算法的区域大系统多目标水资源优化配置模型。董会忠[62]从水资源供需-社会经济发展-生态环境复合系统中选取 12个影响水资源承载力的因素构建指标评价体系，引入变权理论评价了 2005—2016 年京津冀地区水资源承载力，指出了供水模数、人口密度和城镇化率是关键驱动因素。Wang 等[63]利用主成分分析法研究了山东省的能源-经济-环境协调发展水平。

1.2.3 协调发展模型模拟研究

系统建模与仿真是耦合系统协调程度研究的主要方法之一。对于协调发展模型实例研究可以追溯到传统的线性优化方法发展到现代非线性方法以及多种方法结合的阶段。

(1) 协调发展模型模拟实例

国外将水资源与社会经济、生态环境系统作为整体研究其协调发展情况较早，特别是在协调发展模型模拟应用方面。Morshed 等[64]总结了遗传算法在非线性、非凸、非连续方面的进展情况，提出遗传算法的改进方向；Madani 等[65]建立了不确定性条件下的水资源配置多目标分析模型，并采用遗传算法进行求解；Prodanovic 等[66]基于系统方法，构建了耦合水文模拟和描述社会经济过程两个模块，研究了加拿大 Upper Thames 流域在气候模式变化和社会经济发展耦合情景下的风险和脆弱性；Davies 等[67]认为日益严峻的水资源短缺形势对水资源管理模型提出了更高的要求，以往的将水资源系统以外的驱动因素外生化处理方式已经不能满足当今的模型实践要求，为此，需要在水资源与社会经济-生态环境系统内开展协调模型研究，研究提出了 ANEMI 模型，模型能够将气候模式、碳循环、经济、人口、土地利用、农业发展、水文循环要素、全球用水和水质等要素之间的非线性关系一描述，实现在系统内进行水资源问题决策。

国内学者宋学锋[68]根据城市化与生态环境耦合内涵，在 ISM 和 SD 方法的基础上，建立了江苏省城市化与生态环境系统动力学模型，并选取五种典型的耦合发展模式进行情景模拟。潘婧[69]根据系统动力学原理和方法，以连云港为例，从港城系统特征、系统模型边界和系统要素因果关系出发，建立港城耦合系统的 SD 模型，并应用 Vensim 软件选择投资贡献度、三产增加系数、资源转化系数及资源利用系数等参数作为控制变量进行模型仿真。梁磊磊[70]借助系统动力学原理，研究了陕西农业生态-经济系统耦合协调发展的变化过程，对其未来趋势进行了仿真模拟预测。人工神经网络（ANN）和 MATLAB 作为控制系统耦合过程中建模常用的方法和工具，主要用于耦合系统分析过程中耦合协调度的计算模型和预测[71]、多变量耦合系统的神经网络预测建模[72]和控制耦合系统的时空混沌行为[73]等。武强等[74]利用神经网络和地理信息系统耦合所得的人工神经网络模型，对山东省埕北 30 潜山油藏的产油潜力进行了预测评价，并应用灵敏度分析方法对该地区各个主控因素的灵敏度进行了系统分析，有效地解决了人工神经网络难以通过权重系数矩阵来判定各个影响因子影响程度的难题。此外，灰色关联度模型可适用于耦合协调关系方面的研究。刘耀彬[75]揭示了中国省区城市化与生态环境系统耦合协调的主要因素，并从时空角度分析了区域耦合协调度的空间分布及演变规律。谢克明[76]提出一种新的基于概率统计的耦合协调度分析方法，仿真实验表明此种分析方法具有广阔的应用前景。另外，在系统建模中必然会涉及耦合系统协调优化等问题，耦合系统协同进化多学科设计优化算法[77]（MDO）、并行全局灵敏度方程方法（GSE）[78]等是系统优化的一些方法，可将复杂系统分解为简单的子系统，能显著提高求解效率。

（2）系统动力学模型

系统动力学方法是模拟预测系统协调发展内部要素相互作用及动态演化的主流方法，能解决系统结构和结构内部出现的多个变量、非线性关系、多重反馈等较为复杂的问题[79~84]。系统动力学方法可以有效整合若干单独的系统，关注多个相互关联要素组成的系统整体动态变化。在要素与要素之间的相互作用中，看到无数个存与流、反馈回路以及系统边界。系统动力学模型即是用这种系统学思想进行建模和模拟分析的工具。20 世纪 50 年代开始，系统动力学模型以其分析系统动态复杂性的优势被越来越多的学者用以分析可持续发展问题；Berling[85]构建了一个研究 Sepetibza 海港生态环境的系统动力学模型，Gueneralp[86]构建了社会-经济-环境动态模拟模型，Dyson[87]构建系统动力学模型预测了多层地下水产生的协调发展机制，一些学者做了关于生态系统协调发展的系统动力学模型[84,86~89]；Forrester 构建了第一个包含人口、资源、环境、产业等多个要素的复杂系统，对环境、市场、社会等政策进行了模拟[90]；千禧年研究所开发了 Threshold. 21World model[91]，广泛用于 UNEP 等组织的绿色经济、协调发展的政策研究。

系统动力学方法引入我国已 20 多年，在运用系统动力学方法研究可持续发展方面也做了大量的探索，在可持续发展战略中发挥了极其重要的作用，如在可持续发展战略性决策研究中的人口可持续发展模型[92]和能源可持续发展模型[93]。在区域环境承载力方面，我国学者所建立的环境模块包括水资源、土地资源、森林资源[94~96]等。汤洁等[97]根据吉林省大安市森林资源数据，按森林繁衍进化过程，模拟了森林资源的动态复杂性。

（3）协调发展演化模拟

Odum 及其团队[98~100]创立了能值分析理论方法，将生态经济系统内流动和储存的各种不同类别的能量和物质转换为同一标准能值，开展定量研究评估发展的可持续性和协调性；Liu[101]提出了基于工业生态的代谢理论和生态循环理论的中国城市可持续演化模型；Martens 等[102]则认为多规模和多领域发展是协调发展的特点；Parris 和 Kates[103]提出了协调发展评价模型。同时，在动态复杂性分析的基础上，结合系统动力学模型与地理信息系统开展区域协调发展时空演化研究[104~106]。GIS 的引入不仅拓展了模拟结果的展示方式，同时对于数据的收集和处理可以简化 SD 模型的数据输入程序；而 SD 的动态模拟可使 GIS 展示的地理区域状态呈现动态变化。因此，SD 模型和 GIS 耦合同时可实现系统行为预测和空间动态模拟。

1.2.4　黄河流域耦合协调发展研究

当前国内外在黄河流域水资源、经济、生态作为一个复合系统协调发展模拟及预测优化领域鲜有研究，针对协调发展演化仿真研究主要采取互动关系模拟分析的方法对黄河流域进行了研究[107]。

林常青[108]基于生态网络分析方法（Ecological Network Analysis），通过黄河流域水资源利用系统实际网络和理想网络之间生态超载量的分析，对

2006—2015 年黄河流域进行生态承载力评价。根据不同情境方案模拟不同的调控优化措施，进一步预测流域生态承载力的变化趋势，为水资源相关部门制定政策及管理办法提供依据。姜仁贵[109]以黄河流域灌区生态环境为研究对象，融合多源数据资源，设计研发了黄河灌区生态环境演变模拟系统。丁阳[110]模拟计算了 2004—2010 年黄河流域中游统计指标值及协调发展指数得分及变化趋势。王猛飞[111]实例分析了黄河流域生态环境与经济社会系统协同发展匹配程度。彭少明[112]基于支持向量机的智能决策方法以及基于案例推理的方案决策方法等建立基于优化技术与模拟技术耦合的流域水资源多因素合理调配模型系统、基于支持向量机的流域水资源方案评价模型，以黄河流域水平年为例进行多目标柔性决策，获得了流域水资源合理调配的方案。王浩[113,114]建立了流域"自然-社会"二元水循环演化模型，模拟分析了黄河流域有取用水和无取用水情景下的 45 年长系列水循环结果。上述模拟及仿真成果可进一步揭示水资源和经济发展与生态环境之间的关联关系和反馈机制，从而为应对黄河流域水资源-经济-生态环境系统风险的措施提供解决的途径。

1.2.5　亟待解决的问题

尽管国内外学者对有关水资源-经济-环境的耦合协调发展进行了大量的研究并取得了丰厚的成果，但仍然存在一些亟待解决的问题。

（1）水资源-经济-生态耦合协调发展理论尚需进一步完善，体系亟待构建

耦合协调发展理论目前多处于探索阶段，实证性和指导实践的研究欠缺，不够系统。由于涉及自然、经济、社会以及生态环境等众多领域，对水资源-经济-生态耦合协调发展理论体系的指导思想、基本原理、技术方法和研究内容等尚未形成一个较为完整的体系，在实施中常常缺乏理论依据和科学基础。

（2）针对黄河流域的协调发展评价指标体系构建的研究相对较少，难以支撑黄河流域生态保护和高质量发展国家战略

目前多集中在以区域为行政单元的指标体系的构建上，而以流域为尺度建立协调发展评价指标体系的研究较少。黄河流域是一个复杂的地理单元，特别是黄河中游峡谷区到下游典型悬河过渡带各行政单元之间存在着复杂的相互作用关系，但人们对其系统内部协同与制约关系变化的驱动力、驱动机制探讨尚不够深入，无法从时间演变规律的角度和空间地区发展差异性的角度具体分析黄河流域中下游水资源-经济-生态耦合协调发展度，进而无法对地区协调发展度关系进行分类分析。

（3）协调发展评价多是区域范围内的相对评价，亟须建立一套普适性的评价方法

目前采用系统协调发展评价模型评价区域协调发展度及协调发展类型，评价的是一个区域内的相对协调发展，而对在系统协调发展目标值下的绝对协调发展评价的研究较少。目前对区域协调发展研究综合评判评价指标体系的理论研究几乎都是从传统生态学与经济学的角度去评价，由于现有的调控方法没有充分考虑社会经济、水资源和生态因素之间的相互作用机制，或者不能充分处理数据的规模。提出的水资源-经济-生态耦合协调发展评价和演进模型中相关序参量指标相对较少，不能完整描述流域 WREE 耦合协调发展度的演化规律。

1.3　研究的主要内容及技术路线

1.3.1　研究的主要内容

针对黄河流域目前面临经济发展滞后、水资源短缺、局部生态环境污染、生态潜在危机高的问题，本书对黄河流域中下游水资源-经济-生态耦合协调发展及应用展开研究，主要研究内容如下：

（1）黄河流域中下游水资源-经济-生态耦合协调发展理论体系

基于可持续发展理论、系统论和耦合协调发展理论，从水资源、经济、生态属性视角出发，提出流域水资源-经济-生态的概念和系统组成要素；探讨系统耦合协调发展条件及内涵特征，揭示区域 WREE 耦合协调发展机理，为 WREE 综合评判及模拟预测奠定理论基础。

（2）黄河流域中下游 WREE 耦合协调发展评价指标体系构建

在结合指标体系构建目的、意义和原则的基础上，构建水资源、经济发展和生态环境 3 个子系统综合评价指标；采用频度统计法、理论分析法和相关性分析法来筛选指标，确立黄河流域中下游 WREE 评价指标体系；归纳整理水资源、经济与生态系统的数据来源；确定了黄河流域中下游 WREE 耦合协调发展评价指标目标值。

（3）黄河流域中下游 WREE 耦合协调发展现状评价

通过查阅相关资料和文献，收集 5 个省份 3 个子系统 43 个指标的年际变化数据，对不同省市的水资源、经济发展和生态环境进行对比分析，评价水资源-经济-生态的发展现状；利用熵权法和层次分析法获得 43 个指标的评价权重，并建立 WREE 耦合协调发展度评价模型，判定黄河流域中下游 1999—2018 年的耦合协调发展度。

（4）黄河流域中下游 WREE 耦合协调发展模拟评价

针对黄河流域中下游水资源、经济发展和生态环境的实际特点，实现黄河流域中下游水资源高效利用、生态环境保护和社会经济高质量协调发展，建立水资源-经济-生态演化模型，以黄河流域中下游 5 省份为模拟边界，2018 年为基准年，模拟期为 1999—2040 年，其中 1999—2018 年为历史数据年份，用于验证模型，2019—2040 年为模型模拟年份，时间步长为 1 年，内容分为水资源子模块、经济发展、环境保护模块。通过设定黄河流域中下游未来 4 种发展情景，模拟得到未来 4 种情景下的 WREE 耦合协调发展度，并以此提出相关建议和措施，供决策者参考。

（5）黄河流域中下游 WREE 耦合协调发展应用研究

基于东平县自然资源、经济社会和生态环境等基本资料的分析，利用 WREE 耦合协调发展度评价模型，以 2018 年为模拟基准年，对东平县耦合协调发展度进行评价，辨析各子系统和评价指标对耦合协调发展度的影响；利用水资源-经济-生态演化模型预测东平县中长期各指标变化情况，并利用评价模型对不同发展情景下 WREE 耦合协调发展度进行评价，提出发展措施或建议，为东平县水资源、经济发展、生态环境的耦合协调发展提供支撑。

1.3.2 技术路线

本书涉及水文水资源学、气象学、生态学、环境水利、数理统计、模糊理论、层次分析、系统动力学等多个学科，通过文献查阅、现场调研和资料收集，整理了黄河流域中下游内蒙古、陕西、山西、河南和山东等 5 个省份（自治区）43 个市 1999—2018 年 20 年的长系列资料，采用理论分析、模型评判和模拟预测相结合的方法，研究了黄河流域中下游 WREE 耦合协调发展理论及内涵特征、综合评价指标体系构建及耦合协调发展评价、未来不同发展情景下近远期模拟预测及应用实例；从点-面尺度对 WREE 耦合协调发展度进行了评判，并提出相应对策和建议。本书的技术路线如图 1-1 所示。

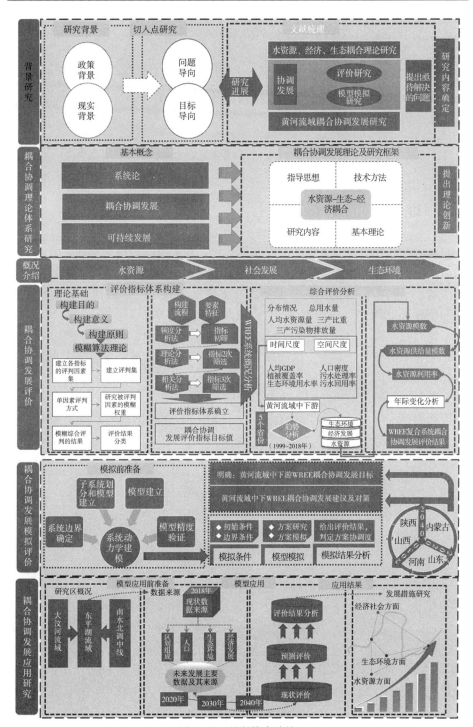

图 1-1 研究技术路线

2　研究区概况

2.1　地理位置及行政区划

　　黄河古称大河，因其中下游浑浊呈黄色，在东汉时被称为黄河。黄河是中国第二大河，居世界大江大河第五位。临河临水而居，是人类生存和繁衍的基本法则，所以，黄河流域是中华民族的主要发祥地之一。黄河流域位于东经96°—119°、北纬32°—42°之间，总流域面积794 712km²。

　　黄河流域横跨中国东西部，大部分区域主要位于西北地区，有一系列特大、大、中小城市。黄河干流部分全长5 463.6km，自河源至内蒙古自治区托克托县的河口镇为上游，河道长3 471.6km；自内蒙古自治区托克托县的河口镇至河南省郑州市的桃花峪为中游，中游河段长1 206.4km；自河南省郑州市的桃花峪至入海口为下游，河道长785.6km，下游河道横贯华北平原，绝大部分河段靠堤防约束。

2.2　水资源概况

2.2.1　水系

　　黄河正源为约古宗列盆地发源的玛曲，自巴颜喀拉山主峰北麓东流，于山东东营汇入渤海。

　　黄河上游河段为河源至内蒙古托克托县河口镇，河段总落差3 496m，流域面积为38.6万 km²，另有4.2万 km² 内流区。黄河流域集水面积超过1 000km²的入黄支流有76条，其中上游43条，中游30条，下游3条，最大支流为渭河。上游河道长、水面落差、流域面积分别占全河的63.5%、78%和53.8%。黄河上游河段水能资源丰富，其中龙羊峡段至宁夏中卫下河沿段跨越我国第一二级阶梯，海拔落差大，是水能资源开发的重中之重，位列我国十三大水电基地之一。自下河沿至河口镇的河段为我国重要农业产地宁蒙灌区的主要供水来源，供水量占灌区用水总量的90%以上。

黄河中游河段为河口镇至河南省荥阳市桃花峪,河段总落差 890m,流域面积为 34.4 万 km²。中游河道长、水面落差、流域面积分别占全河的 22.1%、19.7%和 43.4%,是全流域河网密度最高地区,高达 3.89km/km²。黄河中游是黄河水量和泥沙的主要来源地,包括渭河、汾河两大支流在内的 30 余条主要支流在中游部分汇入黄河,全年输沙量 16 亿 t 中有 14.5 亿 t 泥沙来源于此区间。其中 9 亿 t 来源于河口镇至禹门口河段,整段干流位于峡谷之中,大部分支流流经黄土高原丘陵沟壑区,携带大量泥沙汇入干流。5.5 亿 t 泥沙来源于禹门口至三门峡河段,干支流流经汾渭裂谷系等多个盆地,河道开阔,冲淤变化剧烈。自三门峡至桃花峪,流经最后一段峡谷后,黄河流入华北平原。

黄河下游河段为桃花峪起,至山东东营黄河口汇入渤海,河段总落差 93.6m,流域面积为 2.2 万 km²。下游河道长、水面落差、流域面积分别占全河的 14.4%、2.3%和 2.9%,河床高于周边地区,洪涝灾害主要发生于此河段。

2.2.2 降雨

黄河流域降水量空间分布趋势由东南向西北递减,流域多年平均降水量为 476mm,东南地区为 500~700mm,中部地区为 300~400mm,西北内陆地区为 100~200mm。年降雨量受枯丰水年影响大,且年内降雨量分布不均匀。其中丰水年降雨量能达到枯水年降雨量的 4 倍,汛期(6~9 月)降雨量约达到年降雨量的 70%。汛期降雨多以暴雨为主,24 小时最大暴雨面积可达 (5~7)×10⁴km²,存在伊洛沁河、泾洛渭汾河和龙门至河口镇三大暴雨中心。黄河流域根据降水量等值线分为东南部半湿润区、中部半干旱半湿润区和西部干旱区。

2.2.3 径流量

由 1919—1975 年 56 年统计数据分析得,黄河多年平均径流量约为 580 亿 m³,位列我国七大江河第 4。由于流经地区多半为半干旱半湿润区,流域水资源先天不足,河川径流一般呈现以下特点:

(1) 年径流量逐年减少

黄河年径流量占全国河川径流量的 2%,水资源利用量达到 84%,净消耗率达到 53.3%。近年来由于人类活动和气候变化的影响,年径流量呈显著下降趋势,流域水资源状况不断恶化。

(2) 水资源贫乏

多年来黄河流域一直面临水资源短缺的问题。据 2016 年中国水利年鉴资料显示，黄河流域人均年径流量 $683m^3$，为全国平均水平的 33%；耕地平均水量 $345m^3/hm^2$，为全国平均水平的 19%；花园口以上流域多年平均径流深 77mm，为全国平均水平的 28%。

（3）径流量空间分布不均

由于气候和地质等原因造成黄河流域水资源在空间上分布不均。河口镇位于兰州下游，相比兰州拥有 16 万 km^2 集水空间，但由于径流损失，多年平均径流量反而小于兰州站；兰州以上流域面积仅占花园口以上流域控制面积的 30.5%，但多年平均径流量占花园口以上流域的 57.7%；龙门至三门峡区间流域面积占花园口以上流域控制面积的 26.1%，但多年平均径流量占花园口以上流域的 20.3%。

（4）径流量年际和年内变化大

由于气候和地址等原因，造成黄河流域水资源在时间上分布也不均匀。干流各观测点最大与最小年径流比能达到 3～4；各支流年际径流值变化在 0.4～0.5。龙羊峡以上区段多为草原湿地，由于气候寒冷，水资源自然涵蓄能力强，径流量年际变化相对较小；而龙门以上区间的年径流值为 0.22～0.23；龙门以下区间由于汇入了较多涵蓄能力小的支流，年径流值小幅增加，三门峡和花园口两观测点的年径流值分别为 0.24 和 0.25。

（5）径流含沙量高，利用难度大

干流中三门峡观测点多年平均含沙量 $35kg/m^3$，部分支流由于流经黄土高原地区，含沙量达到 $300～500kg/m^3$，个别甚至达到 $1\,000kg/m^3$。黄河流域的径流多数是由暴雨洪水产生，同时由于水文地质情况复杂，干流含沙量较高，水资源的开发利用相对困难。

2.3　经济发展概况

2.3.1　人口

黄河流域涉及的 9 个省（区）中，有 66 个地市（州、盟），340 个县（市、旗），其中有 267 个县（市、旗）全部位于黄河流域，73 个县（市、旗）部分位于黄河流域。受气候、地形、水资源等条件的影响，流域内各地区人口分布不均，全流域 70% 左右的人口集中在龙门以下的中下游地区，而该区域面积仅占全流域的 32% 左右。花园口以下是人口最为稠密的河段，人口密度达到了 633 人 $/km^2$，而龙羊峡以上河段人口密度只有 5 人 $/km^2$。

2.3.2　农业

黄河流域宁蒙灌区、汾渭平原和华北平原引黄灌区均是我国的粮食主产区。流域平均年降水量只有 400 多毫米，农业灌溉主要依靠黄河水系。虽然历史年代和人口多少是不同的，但黄河流域对中国农业的发展的贡献和滋养的人口，始终在中国大江大河中居于突出地位。1949 年以前，黄河水域的灌溉面积为 1 200 万亩*，到 2018 年已增至 1.1 亿亩，70 年中增长到新中国成立前的约 9 倍。它突出反映了临河临水而居的首要经济价值。从农业发展方面看，黄河流域资源丰富，现有耕地面积 1.89 亿亩、林地 1.53 亿亩、牧草地 4.19 亿亩，宜林宜垦的荒地 3 000 万亩。中国北方地区的粮食作物和蔬菜水果，在黄河流域都可生产，且品质优良，产量较高。另据《黄河鱼类志》的统计，黄河干流和支流水系中，共有鱼类约 160 多种，其中上游 16 种、中游 71 种、下游 78 种，并以黄河大鲤鱼最为盛产和著名。在黄河水系近岸区内，主业和兼业渔业生产的人数常年保持在 2 万～3 万人，占全国渔业劳动力的 2%～3%。

2.3.3　矿产

黄河流域矿业资源丰富。黄河流域已探明的矿产资源有 37 种，占全国已探明 45 种的 80% 以上。其中，储量在全国具有一定优势的，主要是稀土、石膏、玻璃硅质原料、煤、锐、铝土矿、铝、耐火黏土 8 种，且分布比较集中，易于开采，为综合开发利用提供了便利条件。黄河流域已探明原油储量 20 亿 t，天然气储量 3 亿 m³，钠盐储量约 8 000 亿 t。这些矿产资源主要分布在 9 个地区：兴海-玛沁-选部区、灵武-同心-惠农区、内蒙古河套区、晋陕蒙接埌区、陇东区、晋中南区、渭北区、豫西北区以及山东区。其中，位于山东的胜利油田是我国第二大油田。矿产资源是近代工业产生以来的重要经济资源，也是黄河流域经济发展的支柱。

2.3.4　GDP

2018 年，黄河流经的九省区 GDP 为 73 547 亿美元，人均 GDP 为 8 172 美元，其他 22 个省区 GDP 为 233 547 亿美元，人均 GDP 为 10 616 美元。两相比较，黄河流域 9 个省区比其他 22 个省区总量少 160 000 亿美元，人均 GDP 少 2 444 美元。虽然黄河流域九省区的总面积并非都在黄河流域的范围之内，但比较人均 GDP 大致可以看出黄河流域的经济发展已经明显落后。

---

* 亩为非法定计量单位，1 亩≈667m²。

2.4 生态环境概况

2.4.1 气候

黄河流域横跨南温带、中温带和高原气候区三个气候带。流域冬季受蒙古高压影响,降水量少,气候干燥寒冷,风向多为偏北风;夏季受西太平洋副热带高压影响,蒙古高压与流入境内的海洋湿润暖气流相遇,造成较多降水,从流域东南部到中部再到西北内陆,大致分为湿润气候、半干旱气候、干旱气候。流域内日照时间充足,全年日照时间在1900h至3400h之间,一般地区在2200h到2800h之间,青海高原和内蒙古地区能达到3000h。上游的平均气温为−4.0~9.3℃,中游平均气温9.4~14.6℃,下游平均气温14.2℃。

2.4.2 地质地貌

黄河自西向东流经青藏高原、内蒙古高原、黄土高原和华北平原等地貌单元,流域面积广阔,地形地貌差异大。流域横跨我国三大阶梯,第一阶梯位于青藏高原东北部的青海高原,平均海拔4000m以上,有数条西北、东西向的山脉;第二阶梯东至太行山,平均海拔1000~2000m,自白于山分为南北两部分,白于山以南为黄土高原、秦岭山脉和太行山脉,白于山以北为内蒙古高原上的河套平原和鄂尔多斯高原;第三阶梯自太行山以东到滨海,包含黄河下游冲积平原和鲁中丘陵地区。

2.4.3 土壤

黄河流域大部分土壤为黄土,平均厚度在50~100m,土层较厚的洛川源达到150m,董志源超过250m。由于50%以上土壤为风成黄土,导致土体结构疏松、富含碳酸盐、孔隙度大、透水性强、遇水易崩解、抗冲抗蚀性弱。地带性土壤自东南向西北依次为褐土→黑护土、黄绵土、灰钙土→栗钙土→棕钙土→棕漠土、灰漠土→风沙土等。山地土壤有山地棕壤土、山地灰褐土、山地黑钙土、草甸土等。

2.4.4 水质

2018年黄河流域水质评价河长23043.1km,其中Ⅰ~Ⅲ类、Ⅳ~Ⅴ类和劣Ⅴ类水质河长分别为17013.9km、3204.7km和2824.5km,相应占全流域水质评价河长的73.8%、13.9%和12.3%。黄河干流评价河长5463.6km,其中Ⅰ~Ⅱ类水质河长占69.7%,Ⅲ类水质河长占28.1%,Ⅳ类水质河长占2.2%,无Ⅴ类、劣Ⅴ类水。Ⅳ类水质分布于潼关断面。黄河主要支流评价河长 17 579.5km，其中Ⅰ～Ⅱ类水质河长占 51.8%，Ⅲ类水质河长占 14.6%，Ⅳ类水质河长占 10.7%，Ⅴ类水质河长占 6.8%，劣Ⅴ类水质河长占 16.1%。

2.4.5 水土保持

黄河流域水土流失面积达 45 万 km^2，年均流入黄河的泥沙达 16 亿 t。这不仅给中游地区造成极大经济损失，而且也造成下游河床不断抬高，形成了悬河的危害。因此，大力植树造林，保护生态，是黄河流域的一项长期任务。黄河流域广大农民已有在荒山荒坡上植树种草的悠久历史，在各级政府的积极推动下，近年来又有较大进展。到目前为止，人工植树造林已达 1.20 亿亩、种草 0.35 亿亩，占国家治理规划的 60% 以上。据《人民治黄 50 年水土保持效益分析》，已累计实现经济效益 927.47 亿元。

2.5 研究区域界定

习近平总书记 2019 年 9 月 18 日在黄河流域生态保护和高质量发展座谈会上强调，治理黄河，重在保护，要在治理。要坚持山水林田湖草综合治理、系统治理、源头治理，统筹推进各项工作，加强协同配合，推动黄河流域高质量发展。

要坚持绿水青山就是金山银山的理念，坚持生态优先、绿色发展，以水而定、量水而行，因地制宜、分类施策，上下游、干支流、左右岸统筹谋划，共同抓好大保护，协同推进大治理，着力加强生态保护治理、保障黄河长治久安、促进全流域高质量发展、改善人民群众生活、保护传承弘扬黄河文化，让黄河成为造福人民的幸福河。习近平总书记指出黄河生态系统是一个有机整体，要充分考虑上中下游的差异；上游要以三江源、祁连山、甘南黄河上游水源涵养区等为重点，推进实施一批重大生态保护修复和建设工程，提升水源涵养能力；中游要突出抓好水土保持和污染治理，对汾河等污染严重的支流，则要下大气力推进治理；下游的黄河三角洲是我国暖温带最完整的湿地生态系统，要做好保护工作，促进河流生态系统健康。随着自然环境的变化和人类社会经济的发展，黄河流域的生态环境也正经历着巨大的变化，水资源、水环境、水生态问题和各种矛盾日益突出。从流域整体来看，上游植被退化、中游水沙锐减、下游用水紧张、河口三角洲退缩等，成为黄河流域面临的新问题，对流域的生态文明建设和可持续发展提出新的挑战。

近年来由于自然环境变化和人类社会经济发展等因素，黄河流域水环境、水资源、水生态问题和矛盾日益突出，流域内生态环境整体变化剧大。上游植被退化、中游水沙锐减、下游用水紧张、河口三角洲退缩等，成为黄河流域面临的新问题，对流域的生态文明建设和可持续发展提出新的挑战。

　　黄河自内蒙古自治区托克托县的河口镇至河南省郑州市的桃花峪为中游。中游流域面积 34.4 万 km²，占全流域面积的 43.3%，落差 890m，平均比降 7.4‰。黄河自河口镇急转南下，直至禹门口，飞流直下 725km，水面跌落 607m，平均比降为 8.4‰。滚滚黄流，奔腾不息，将黄土高原分割两半，构成峡谷型河道。以河为界，左岸是山西省，右岸是陕西省，称为晋陕峡谷。河南省郑州市的桃花峪以下黄河河段为黄河下游，流域面积仅 2.3 万 km²，占全流域面积的 3%；下游河段总落差 93.6m，平均比降 0.12‰；区间增加的水量占黄河水量的 3.5%。

　　近年来，随着社会经济取用水量的快速增长，黄河流域水资源问题日益突出，年径流量和输沙量自 20 世纪 60 年代后逐渐减少，中游水土流失严重，下游河床不断抬升，危害人民群众生产生活安全。不断增长的社会经济需求和变化复杂的水沙情势，对黄河流域生态环境保护工作和生态文明建设工作提出了新要求和新挑战。桃花峪至河口镇中游的黄土高原地区，作为黄河泥沙最主要来源地区，近年来通过一系列水土流失整治措施和新建设大小型水库的调沙作业，区域水土流失问题和河沙问题得到了极大程度的抑制。

　　桃花峪以下的下游地区，黄河来水量极小，主要起到将水沙输移入海和为下游引黄灌区提供灌溉水源的作用。黄河中下游由于黄河泥沙量大，大量泥沙淤积，河道逐年抬高，河段长期淤积形成举世闻名的"地上悬河"，黄河约束在大堤内成为海河流域与淮河流域的分水岭。除大汶河由东平湖汇入外，本河段无较大支流汇入。同时该地区人口密度大，耕地面积也较大，以农业生产、资源开发为主的经济社会发展方式与黄河流域资源环境特点和承载能力不匹配。鉴于此，本书选取黄河中下游 5 个省（自治区）、43 个市级行政单位为研究对象，衡量黄河中下游水资源、经济社会与生态环境协调发展程度。黄河中下游行政区划如表 2-1 所示。

表 2-1　黄河中下游行政区划

省级行政单位	地级行政单位
内蒙古自治区	呼和浩特市、乌兰察布市、鄂尔多斯市
陕西省	西安市、铜川市、宝鸡市、咸阳市、延安市、安康市、商洛市、杨凌区、榆林市、渭南市
山西省	大同市、阳泉市、长治市、晋城市、朔州市、晋中市、运城市、忻州市、临汾市、吕梁市、太原市
河南省	郑州市、开封市、洛阳市、安阳市、新乡市、濮阳市、三门峡市、济源市、焦作市
山东省	济南市、淄博市、东营市、济宁市、泰安市、德州市、聊城市、滨州市、菏泽市、莱芜市

3 黄河流域中下游水资源-经济-生态耦合协调发展理论体系

3.1 基本概念

3.1.1 可持续发展

"可持续发展"（Sustainable development）这一概念可从多个角度界定，其内涵也不尽相同。1980 年，世界自然保护同盟（IUCN）、野生动物基金协会（WWF）与联合国环境规划署（UN-EP）在共同发表的《世界自然保护纲要》中首次提出了"可持续发展"概念。1982 年，Brown[115]运用状态和总体趋势的角度解释了"可持续发展"；1987 年，世界环境与发展委员会（WCED）的报告《我们共享的未来》中首次正式使用"可持续发展"，并定义为："既能满足当代人的需求，又不对后代人满足其需求的能力构成威胁的发展"，在"可持续发展"所有定义中最被人们接受，影响最为深远。此外，随着对可持续发展的深入研究，目前，大部分学者主要围绕"可持续发展"的自然属性、社会属性以及经济属性三个方面阐述了概念。

阐述自然资源和开发利用二者的协调发展可用"生态可持续性"（Ecological sustainability）表示。国际生态学联合会（INTECOL）和国际生物科学联合会（IUBS）将"可持续发展"定义为保护和加强环境系统的生产和更新能力；从社会属性的角度认为："可持续发展"的可持续性不仅是不能超越环境系统再生能力的发展，更是寻求一个最佳的生态系统来支持生态完整性和人类生存环境的可持续性的发展。1991 年，INCN、UNEP 和 WWF 共同提出将"可持续发展"界定为"在生态系统承载能力允许的情况下，不超过维持的生存状态，提高人类生存品质"。

从经济属性定义的"可持续发展"。Costanza 主张[116]"可持续发展"是建立在动态的人类经济系统与更高程度上动态的生态系统之间的一种联系，这种关联性意味着：人类的生存能够无限期延续、人类个体能够处于鼎盛状态、人类文化能够传承，在避免破坏生态学上的生存支持系统的多样性及其功能的同时，也能够将人类经济活动的影响保持在某种限度之内。简言之，"可持续发展"可以定义为"在不减少包括各种自然资本存量在内的整个资本存量的各种消费前提下，能够无限期地持续下去"。另外，经济学角度对"可持续发展"作出的定义有：在自然资源质量受到保护的前提下，使经济发展的净效益最大化；现有的资源利用不应减少未来实际收入的发展；在不降低环境质量的前提下发展经济；确保当代人的福利会增加，同时不会减少子孙后代的福利发展。

综上，不同学者对"可持续发展"内涵的理解范畴和看法不同，但从可持续发展包含的内容看，最被公众认可的"可持续发展"包括生态可持续发展、经济可持续发展和社会可持续发展。1992 年，183个国家进一步达成了人类必须走可持续发展道路的共识。随着"可持续发展"研究深入，只有实现经济、社会和生态三个领域的协调发展，才能实现真正的"可持续发展"，具体如图 3－1 所示。

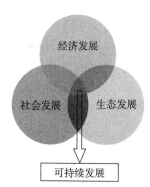

图 3－1 可持续发展示意

3.1.2 系统论

系统是在自然、人类现代生活以及人类思维中普遍存在的概念，常见的有天体系统、交通系统、科技系统和大气系统等。系统是各类相互关系要素的集合，构成了某对象的统一性和整体性，组成系统的各个部分称为元素，这些元素是组成系统的基本单元，它们相互联系，相互作用。随着社会的发展，人类面临的问题越来越复杂，人类的科技活动也越来越广泛，其作用和联系越来越明显。在分析和思考问题的过程中，运用更加系统的思维方法来处理问题，系统论强调从事物的普遍规律和关系来分析问题，通过精准的科学分析，准确描述系统的变化过程。系统论应具备集合性、相关性、动态有序性、目的性和功能性、环境适应性等特性。分析系统的结构和功能，研究要素与要素、要素与系统、系统与环境之间相互关系和变化规律是系统论的基本思想方法。

3.1.3 耦合协调发展概念

（1）耦合及耦合度

耦合的概念最早出现在物理学当中，是为说明两个或多个物体之间的运动形式，按照一定规则运行，通过物质、能量、信息的交流形成的彼此约束、选择、协同和放大的现象[117]。耦合定义指两个或者两个以上的系统、模块或运动方式彼此之间通过各种作用而互相影响的现象[118]。Haken 首次提出"耦合"的概念[11]，他认为自然界中存在各种各样具有不同属性的系统，虽然系统组成千差万别，但各系统间存在着一定程度的关联关系，既可能是促进关系，又可能是制约关系，这种关系因不同系统而定[119]。耦合是描述任何多个系统之间存在互相作用，彼此影响的关联关系，这种作用关系是各种系统存在的普遍范式[120]。

目前，耦合理论应用于多个学科领域，用来描述不同系统间相互作用的关系[121,122]。本书将耦合引入黄河流域中下游 WREE 协调发展研究中，将水资源-经济-生态 3 个子系统相互作用和影响的复合系统定义为耦合。在借鉴耦合理论的基础上，开展水资源、经济发展和生态环境 3 个子系统之间相互作用及协调发展研究。

耦合度是指耦合系统中各子系统间或组成系统的各元素间相互依赖、相互作用、相互影响的总强度[123]，可判别各系统间的作用强度及作用时序区间[124]。但耦合度只能度量系统之间相互依赖的程度，不能反映子系统整体的发展水平。并且，耦合度计算的上、下限值取法不同，不同区域水资源、经济发展和生态环境的发展状况也存在较大差异，耦合度无法刻画这种差异[125]。

(2) 协调发展及协调发展度

协调发展是研究系统或要素之间通过非线性的相互影响、相互作用而达到的协同效应。协调发展最终使得系统或要素间实现良性关联，和谐共生，由无序走向有序[126]。这一变化过程采用序参量来进行描述。系统在相变点处的内部动力分为快、慢弛豫变量，其中慢弛豫变量是决定系统相变方向与进程的根本变量，即为系统的序参量。而系统由无序走向有序的关键在于系统内部序参量间的相互作用，决定着系统相变的特征与规律[127]。耦合协调发展应遵循从发展到协调，再从协调到再发展的路线，若要达到黄河流域水资源、经济、生态环境高质量发展，必须整体把握研究区域各个城市发展规划目标，并对原有耦合系统不断的分析、调整、评价，周而复始逐步实现协调。

考虑到耦合度模型在实际应用中的缺陷，本书引入系统的综合发展水平对耦合度模型进行修正，得到协调发展度模型。该模型运算得到的结果，即耦合协调发展度，既能代表各个子系统之间的耦合情况，更能说明子系统之间协调发展的状态及规律。通过计算各个要素之间的耦合协调发展度，能清楚地反映系统或要素之间彼此作用以及彼此影响的协调程度，判断其相互之间是否协调发展，和谐共处[128]。

3.2 区域水资源-经济-生态协调发展理论及研究框架

3.2.1 WREE 耦合协调发展研究理论体系框架

流域 WREE 的复杂性必然会提高对水资源-经济-生态三者之间关系进行耦合协调的复杂程度,需综合考虑指导思想、基本理论、技术方法以及关键问题等方面,构建一套完善的理论体系来指导 WREE 协调发展的过程。流域 WREE 耦合协调发展的指导思想主要有经济协调高质量发展、生态文明建设、科学发展观及人水和谐等,体现了促进流域实现协调发展理念的总体方向。区域 WREE 耦合协调发展的基础理论包括系统论、可持续发展理论以及耦合协调论等基础理论,这是奠定了现代水资源-经济-生态协同发展整体性和协同性的基础。WREE 耦合协调发展研究的技术方法包括频度统计分析法、理论分析法、相关分析法、专家咨询法、模糊算法以及系统动力学方法等主要方法,技术方法是实际操作过程中使用的工具。流域 WREE 耦合协调发展研究理论体系框架如图 3-2 所示。

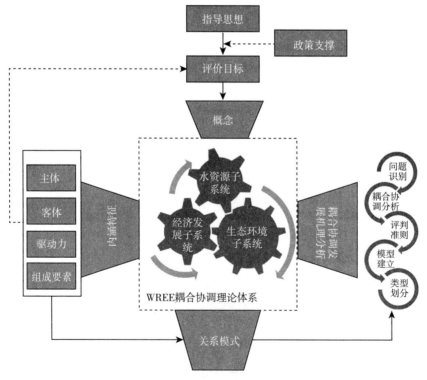

图 3-2 WREE 耦合协调发展研究理论体系框架

3.2.2 指导思想

(1) 经济协调高质量发展

经济协调高质量发展是国民经济追求的目标，而这一目标的达成既有对影响经济发展内生因素的挖掘，也有对外部效应作用机制的剖析。经济协调高质量发展是土地、环境（包括生态环境）、资源（包括水资源）、金融资本与贸易（经济发展）、政策等因素之间的相互作用、相互影响、相互关联而形成的有机整体，同层次之间、不同层次之间、各层次与环境之间具有的复杂作用机制是区域经济难以协调发展的关键。尤其是相邻区域的水资源、经济、生态子系统各个要素及指标耦合程度的不同，直接导致经济发展受到空间溢出的不良效应影响，区域经济协调发展思想为更进一步指导区域或流域水资源、经济、生态子系统内生驱动因素与多重耦合机制分析提供理论指导。

(2) 生态文明

人类文明从开化到发展，并进入到生态文明阶段，即传统农业文明向工业文明再向生态文明的转型，意味着文化形态的转变和经济社会的变革[129]。生态文明以人地和谐发展为行为准则，建立了良性有序的生态机制，实现经济、社会和自然环境的可持续发展。生态文明是人类按照自然生态系统和社会生态系统运行的客观规律，并在物质和精神生产中充分发挥人类的主观能动性。流域水资源、经济和生态不仅是人类社会和谐发展的生态文明，更是一种全新的文明形式，是人类物质、精神、经济和社会系统协调发展的总和。

(3) 科学发展观

中国共产党第十七次全国代表大会报告中指出："坚持以人为本，是以实现人的全面发展为目标，从人民的根本利益出发，坚持以人为本，是谋发展，促发展，不断满足人民日益增长的物质和文化需要，有力保障人民的经济、政治和文化权益，让发展的成果造福全民"[130]。全面发展建设要以经济建设为中心，全面推进经济-政治-文化建设，实现经济发展的社会全面进步，人与自然的和谐发展。

(4) 人水和谐

人水关系和谐调控的目的是改善人水关系的和谐度，而人水和谐思想作为新时期流域治水的思路和原则，应该体现在人水关系和谐调控的全过程[131]。人水和谐思想蕴含着辩证唯物主义哲学思想，核心是以人为本、全面、协调、可持续的科学发展观。走人水和谐之路，是处理好人水关系的重要途径，使人和水达到一个和谐的状态，使有限的水资源为经济社会、生态环境良性发展提供持久支撑。

3.2.3 基本理论

(1) 水资源、社会经济和生态环境子系统之间的关系

1) 水资源子系统与经济发展子系统关系。目前，有限的水资源很难维系社会经济和生态环境的共同发展。在经济发展的外部影响因素中，水资源与水环境发挥主要制约作用[132]。将水资源作为关键因素对社会经济发展起主导作用时，若过度开发利用以促进社会经济的快速发展，必然导致各类污染物和污水排放量的增加，污染水环境，最终制约社会经济持续发展。因此，处理好水资源开发利用与社会经济发展之间的相互关系，必须以水资源的可持续利用来支撑社会经济的长远发展。

水资源与社会经济的关系主要表现在3个方面：①人类社会活动对水资源的影响。最初形成的人类社会，农业活动是影响水资源的最大因素。农业活动通过改变当地地貌与地形，将原生森林和草地植被转变为季节性作物，形成耕作制度，也对自然水资源产生了一定的影响。随着农业机械化以及农业灌溉、排水技术日益成熟，局部的水文循环条件日趋改善，农业活动对水资源的影响进一步强化。工业化和城市化对水资源也有重要影响。随着工业化、城市化进程的加快，改变了水文循环调节过程和条件，导致城市不透水面积急剧增加；工业用水和城市生活用水量迅速增加，加快了水资源的开发利用，同时排放的工业废水和城市生活污水量加大，排放点集中，对水体污染较为严重等。②水资源对社会经济活动产生一定的影响。水资源是人类生产生活中不可缺少的关键战略资源，也是构成人类生产生活赖以生存的自然环境和人工环境的重要因素，更是社会经济发展的制约因素。③水资源开发利用与社会经济发展。经济的快速发展对水质要求越来越高，水环境更加优美，经济效益也越来越高。社会经济系统的完善有利于合理开发、利用和保护水资源系统。

2) 水资源子系统与生态环境子系统关系。水是所有生态系统中的最重要的因素，是所有生命新陈代谢活动的介质[133]。水资源在生态系统结构与功能中的地位和作用，是其他任何要素都无法替代的。水资源的开发利用可以改变生态环境和社会经济持续发展。人类通过拦截河流、修筑闸坝水库、开采深层地下水、跨流域调水等高效利用手段改善生产生活条件，促进社会经济的发展；但不合理的开发会破坏生态环境，并影响水资源本身。因此，在水资源的优化配置中要充分考虑生态环境用水，维护生态环境的良性循环，保证生态环境朝着有利于人类的方向发展，同时要充分利用现有的科学技术改善人类的生态环境，促进水资源的持续高效利用和生态环境改善。

3) 经济发展子系统与生态环境子系统关系。社会经济发展要依靠自然生

态环境所提供的资源来支持，不能超出自然生态环境的承载能力；否则生态环境的破坏会影响社会经济的发展，最终影响到人类的可持续发展。环境与经济间表现出良性循环和非良性循环的动态相关关系[134]：①良性循环。经济发展依赖于自然资源的丰富程度和持续生产能力，保护和改善生态环境能为经济持续发展提供条件；经济发展又为生态环境的保护和改善提供条件。②非良性循环。生态环境的破坏导致自然资源的浪费甚至枯竭，影响经济的发展；经济发展受限减弱保护和改善生态环境的能力，导致生态环境进一步恶化。环境与经济间相互作用的关键在于环境与经济的协调发展[135]。

水资源、经济发展和生态环境子系统耦合协调发展关系如图 3-3 所示。人类在自身的发展过程中，应合理保护生态环境，节约集约利用水资源，水资源优化配置中充分考虑生态环境和经济发展用水，维护生态环境与经济发展的良性循环，共同实现水资源、社会经济与生态环境可持续协调发展。

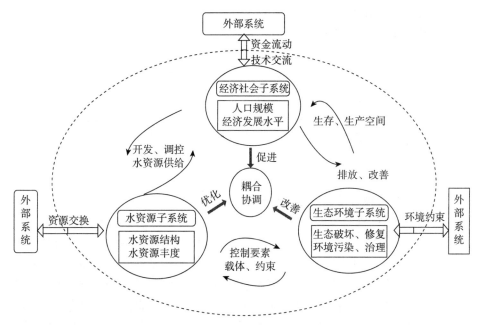

图 3-3 水资源、经济发展和生态环境子系统耦合协调发展关系示意

（2）水资源、社会经济、生态环境的流域性

流域作为水资源管理的基础区域单元，通过流域水资源-经济-生态系统内涵与特征分析，揭示水资源、经济发展、生态环境之间的相互作用机理，对开展流域水资源、社会经济、生态环境三者协调发展驱动机制研究以及科学管理具有借鉴基础。水资源、社会经济、生态环境的流域性是指将流域内水资源、经济社会、生态环境整体作为一个研究系统，以水资源、经济、生态形成的具

有结构、过程、功能相对完整性的综合体。本质上，水资源、社会经济、生态环境的流域性具有完整性、差异性及空间可度量性，完整性表现在流域内部各功能单元之间的内在联系；差异性体现在不同功能体之间结构和功能上的差异；空间可度量性是指特定时间内，流域是相对稳定的、可以度量的。

（3）流域水资源-经济-生态耦合

姚志春[136]在研究区域水资源生态经济系统耦合关系中，以复杂系统科学理论为基础，初步提出了水资源-经济-生态的概念，具体为：以水事活动为主体的水资源系统与生态环境、社会经济之间存在着相耦合的系统。对于流域尺度而言，从经济学角度，界定了水资源-经济-生态耦合是以水事活动为主体的水资源、经济发展和生态环境之间的相互关系，通过高地、沿岸带、水体间的信息传递、能量转化、物质循环、价值增值等耦合而成；耦合具有一定特定结构、功能、目标，即 Water Resources-Economic-Ecological（WREE）。

其耦合内涵用公式表示如下：

$$WREE \subseteq \{S_i, Rel, O, Rst, T, L\}, i = 1, 2, 3 \quad S_i \subseteq \{E_i, C_i, F_i\}$$

$$(3.1)$$

式中，E_i、C_i、F_i 依次表示子系统 S_i 的要素、结构和功能；S_i 表示耦合成 S 的第 i 个"初代子系统"，且 $S_i = \{S_{i1}, S_{i2}, \cdots, S_{ij}\}$，即 S_i 由 j 个"二代子系统"或 j 个基本元素组成（$j = 1, 2, \cdots, k$）；Rel 是流域 WREE 中的耦合关系集，为系统耦合集合，既包括子系统之间的耦合关系，又包括系统内部各要素间的耦合关系；Rst 为系统限制或约束集，O 为系统目标集，T、L 分别为时间、空间变量，体现耦合系统的动态特性。

（4）WREE 耦合协调发展内涵特征

1）人是耦合协调发展的主体。人是流域水资源-经济-生态耦合协调发展的主体，其他要素相对处于客体的位置，客体围绕主体发挥作用，即环境与其他自然生态系统等都围绕人类发挥作用。有了人类活动的参与，才会有水资源子系统、经济发展子系统和生态环境子系统的产生。人作为 WREE 耦合协调的主体，最大的特点是具有创造性、能动性，使得人能控制和调节 WREE，使耦合协调成为可能，能够及时纠偏并使之从不良倒退状态逐步向良性循环的发展轨迹调整。

2）水是耦合协调发展的基本要素之一。水作为构成水资源-经济-生态耦合的基本要素之一，通过各种生物体与光、热、气体和土壤等环境要素共存于生态系统中，以气、液和固等形态与系统内部要素之间有机联系。水是传递营养和能量的载体，在传递过程中持续运行和消耗，发挥着重要作用，是其他任何要素无法替代的。水的运动贯穿生态经济系统的全过程，推动生态经济系统的正常运转。由于水客观上以资源的形式存在于生态经济系统中，并构成了水资源的生态经济，其存在和运转方式发挥重要作用和地位。

3）生态环境是耦合协调发展的客体。生态环境有别于社会环境，并作为客观存在的条件，是自然环境的一个分支。流域 WREE 耦合协调发展过程中，与人口要素的主体特征不同，生态环境影响了人类的生产生活活动，根据与人的关系，可进一步分为物理亚环境、社会经济亚环境和生物亚环境。三个亚环境以物质和能量的形式相互联系，在 WREE 耦合协调发展过程中，针对不同结构发挥着不同功能。其中，生物亚环境主要由动植物及各种微生物构成，绿色植物通过光合作用固定太阳能并参与能量流动，同时又从土壤中吸收营养元素参与物质循环；动物既是消费者也是生产者，与非生物环境和植物共同组成了生态系统；微生物在生态环境中发挥分解作用，使系统循环拥有反馈并形成闭环。

4）科学技术是耦合协调发展的驱动力。科学技术能驱动水资源的开发利用、生态环境的恢复重建功能和社会经济资源的持续发展，充分发挥 WREE 的耦合协调发展功能。经济增长方式、产业发展方向和水平、水资源开发利用、生态环境恢复重建与科学技术水平所处的不同阶段密切相关。一方面，科技水平偏低，生产力水平低下、经济增长缓慢、设备陈旧、工艺低级、水资源和环境管理落后，必然导致 WREE 耦合协调发展过程中提高单位产值会消耗更多的水资源和生态环境资源，并产生水体污染、环境恶化等问题；受科技水平制约会出现水资源不合理开发、生态建设和生态环境修复止步不前等问题。另一方面，经济持续增长，带动科技创新的进步，支撑一批转型升级的新兴产业或已完成改造、提升的传统产业，资源消耗合理，附加值增长更快；同时提高水资源的利用率，降低经济运行的能耗、物耗和产污率。在经济发展的同时，应加强水资源和生态环境保护等领域的科技发展，使水资源的开发利用更加合理。

5）信息是耦合协调发展的桥梁。信息是描述事物运动的状态及表征状态的知识和情报，信息传递在 WREE 耦合协调发展的过程中发挥关键性作用。粗放型的经济发展，人口数量膨胀，必然导致水资源的耗竭；由于人类生产活动、经济发展的影响，生态环境中动植物、浮游生物等群落空间结构随着水资源的过度开发遭到破坏，必须实时了解流域水资源状况，控制水资源合理使用和开发、调整经济产业结构，促使生态环境良性循环和可持续发展。

6）经济发展是耦合协调发展的保障。社会经济的持续发展是水资源开发利用和生态环境保护的保证，经济发展可为水资源开发利用、保护和改善生态环境提供必要的财力。但是，社会经济的过快发展，也会导致水资源盲目开发利用，挤占生态环境的发展空间，并且工业化和城镇化进程的加快，导致水资源面临枯竭，对生态环境造成严重破坏。因此，合理布局产业结构，带动经济高质量发展，才能抑制流域水资源配置不合理、生态环境的持续破坏，最终为WREE 耦合协调发展提供有力保障。

（5）流域 WREE 耦合协调发展机理

1）耦合协调发展机理。协调既是发展手段，又是发展目的；为了达到同步发展的目标，系统始终不断地进行耦合协调、促使系统内各要素共同优化。流域 WREE 耦合由水资源、经济发展、生态环境 3 个子系统共同构成，当耦合各要素之间相互作用且具有复杂的非线性关系，处于远离平衡的状态，能与外界不断进行物质、能量和信息交换，通过反馈和突变导致涨落等条件时，可以从无序走向有序，进而形成有序结构；同时系统及要素处于不断地进行诊断、评价、修正的过程中。WREE 耦合协调发展研究必须了解各子系统间、组成要素间耦合协调发展机理。WREE 耦合协调发展机理示意图如图 3-4所示。

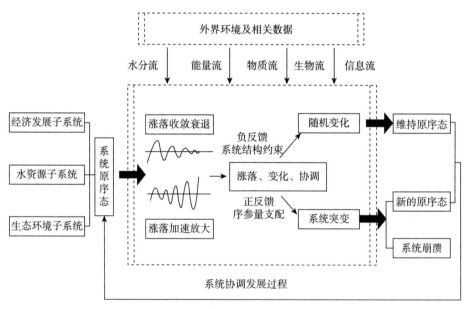

图 3-4 WREE 耦合协调发展机理示意图

由图 3-4 可知，流域 WREE 的结构具有多要素、多层次、多功能性等特点，其协调发展程度受到水资源、社会经济和生态环境的制约。通过分析水资源、经济社会和生态环境的相关和正负反馈效应，特别是流域水资源、经济发展和生态环境 3 个子系统的耦合过程主要由水循环、伴生物质循环、生物循环、能量循环和信息循环等多种循环形成。在安全诊断和原序判别的前提下，改变 WREE 耦合的结构、功能、时空分布等要素，引导资源、物质、能量和信息的调控，优化功能结构，实现系统的平衡和循环。流域 WREE 耦合协调发展的核心是水资源、经济发展和生态环境 3 个子系统的整体调控，促使各子系统之间快速进入协调演进状态，发挥结构、功能和时空协调功能，达到高质量发展。系统耦合协调发展状态，可用耦合协调发展度来表征。

2) 耦合协调发展度。耦合协调发展度能定量反映系统间的相互作用中正效耦合协调发展程度的大小[137]，耦合协调发展度不是原系统能量的叠加增大，而是具有新结构化的、高层次的耦合系统[138]。耦合协调发展的动力来自内部能值，运行中遵循着裂变、动态、随机涨落、非线性协同、阈值等运行规律[139]，能值与运行规律共同作用下，系统耦合转变为协调发展，而耦合协调发展度可作为衡量各要素间在发展过程中彼此和谐共生程度的重要指标。

为了方便对耦合协调发展度判别和分析，应提前对 WREE 耦合协调发展中的水资源、经济发展、生态环境 3 个子系统之间相互作用的耦合程度及类型划分作出综合分析，即对其耦合度（字母 "C" 表示）求解和耦合度类型划分两部分内容。

①耦合度确定。根据耦合及耦合度的概念可知，耦合度能够描述耦合系统中水资源、经济发展、生态环境 3 个子系统间相互依赖、相互作用、相互影响的总强度，了解三者在时间上的发展秩序，因此，需要优先对 3 个子系统的耦合度进行测算：

第一步，确定出各个子系统指标标准化后的正向指标和负向指标。对于不同类别的数据，在进行评判时需要进行标准化处理，即统一被评判指标的数据单位。标准化处理时，将影响因子分为正向或逆向 2 种，即越大或越小越优越方式[140]，计算公式如下：

$$越大越优越型: r_{ij}(x_i) = \begin{cases} 1 & (x_i \geqslant x_{\max}) \\ \dfrac{x_i - x_{\min}}{x_{\max} - x_{\min}} & (x_{\min} < x_i < x_{\max}) \\ 0 & (x_i \leqslant x_{\min}) \end{cases}$$

$$(3.2)$$

$$越小越优越型: r_{ij}(x_i) = \begin{cases} 0 & (x_i \geqslant x_{\max}) \\ \dfrac{x_i - x_{\min}}{x_{\max} - x_{\min}} & (x_{\min} < x_i < x_{\max}) \\ 1 & (x_i \leqslant x_{\min}) \end{cases}$$

$$(3.3)$$

式中，$x_{\max}$、$x_{\min}$ 为同一类指标中不同样本中最满意或最不满意指标。

第二步，计算各指标权重值常用的方法类型为主观法和客观法。

第三步，计算出 3 个子系统的评价指数，分别以字母 U_1、U_2、U_3 表示，而评价指数求解可根据如下公式确定：即

$$U_1 = \sum_{i=1}^{M} a_i x'_i \tag{3.4}$$

$$U_2 = \sum_{i=1}^{N} b_i y'_i \tag{3.5}$$

$$U_3 = \sum_{i=1}^{L} c_i z'_i \tag{3.6}$$

式中，U_1 表示水资源发展评价指数；U_2 表示社会经济发展评价指数；U_3 表示生态环境发展评价指数；M、N、L 代表各个子系统内部指标总数；a_i、b_i、c_i 分别表示水资源、经济发展、生态环境 3 个子系统的指标权重值；x、y、z 为水资源、经济发展、生态环境 3 个子系统的原始指标值；x'_i、y'_i、z'_i 表示经过无量纲化后的水资源、经济发展和生态环境的指标值。

第四步，最终求解耦合度 C，其公式具体为：

$$C = \left\{ \frac{U_1 \times U_2 \times U_3}{\left[\frac{U_1 + U_2 + U_3}{3} \right]^3} \right\}^{\frac{1}{3}} \tag{3.7}$$

式中，$C \in [0, 1]$ 为耦合度，当 C 值趋向 1 时，表明各个子系统的关联性较强且向有序的方向发展；反之，C 值趋向 0 时各子系统间的关联性较弱且向无序混乱方向发展；其他符号意义同前。

②耦合度类型划分。WREE 耦合度类型划分依据，本书参考王兆峰等[141] 对系统耦合度等级及类型划分结果，具体见表 3-1。

表 3-1　耦合度等级阶段划分

耦合度	$0 < C1 \leqslant 0.3$	$0.3 < C2 \leqslant 0.5$	$0.5 < C3 \leqslant 0.8$	$0.8 < C4 \leqslant 1.0$
耦合阶段	分离阶段	拮抗阶段	磨合阶段	耦合阶段

由于耦合度指标自身的局限性，虽能反映 3 个子系统之间的相互作用程度，但不能表征各功能之间是在高水平上相互促进还是低水平上相互制约，并且，耦合度计算的上、下限值取法不同，不同区域水资源、经济发展和生态环境的发展状况也存在较大差异，耦合度无法刻画这种差异[125]。因此，本书引入耦合协调发展度（D）可避免上述问题，可客观评价黄河流域中下游 WREE 耦合协调发展程度及水平。

③耦合协调发展度（D）求解。对黄河流域中下游 WREE 耦合协调发展现状的评价，不仅要考虑单个水资源状况对整个区域的影响，更多的是综合考虑经济发展与生态环境的协同发展，并得出合理的水资源-经济-生态的匹配结果。这就需要根据某些限定的水资源构成因子或指标，对评价对象做一个涵盖多指标体系的综合评价，即水资源-经济-生态综合评价。通过相关文献的查

阅，拟定采用模糊算法计算出耦合协调发展度，并对构建的 WREE 耦合协调发展模型进行评价。

3）WREE 耦合协调发展度类型划分标准。通过对 WREE 耦合协调发展理论分析，在经济发展的初级至高级阶段中，子系统之间都可能达到协调状态或者出现相同的协调度值，但协调度的内涵却存在差异。在经济发展高级阶段的最优组合可能同时实现各自的最优，而在经济发展初期，同样的协调值则可能出现协调退化或者是以一方的衰退为代价，具体协调发展类型等级演替图如图 3-5 所示。

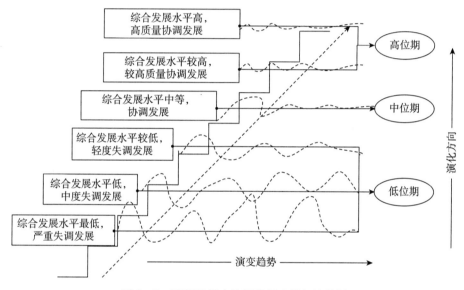

图 3-5　WREE 耦合协调发展度梯级演替图

通过对 WREE 耦合协调发展理论的分析可知，在经济发展的各个阶段，经济与水资源、经济与生态，以及生态与水资源之间可能达到协调度的内涵是有一定差异的，如经济快速发展期，水资源和生态可能退化，难以实现协调发展，而经济进入发达时期，会更加注重水资源和生态的保护。黄河流域 WREE 耦合协调发展类型主要与协调度相关，本书借鉴国外经济学家钱纳里、库兹涅兹、赛尔奎等人对经济发展阶段的划分思想，同时在参考黄河流域中下游各省份城市水资源、经济发展、生态环境发展现状的基础上，结合黄河流域整体资源-经济-生态发展历程，对耦合协调发展度进行划分[142~147]。因此，为了便于量化内部和要素之间的耦合协调发展关系，判定黄河流域水资源-经济-生态耦合协调发展现状，准确预测发展趋势，本书采用字母"D"定量描述协调发展评价结果及分类情况，可分为 6 类，具体见表 3-2。

表 3 - 2　WREE 耦合协调发展度（D）类型划分标准

实现阶段	耦合协调发展度（D）	划分标准	时期
起始阶段（低位期）	$0 \leqslant D_6 < 0.5$	严重失调发展	初期
	$0.5 \leqslant D_5 < 0.6$	中度失调发展	中前期
	$0.6 \leqslant D_4 < 0.7$	轻度失调发展	
发展阶段（中位期）	$0.7 \leqslant D_3 < 0.8$	协调发展	中后期
实现阶段（高位期）	$0.8 \leqslant D_2 < 0.9$	较高质量协调发展	
	$0.9 \leqslant D_1 \leqslant 1.0$	高质量协调发展	后期

WREE 耦合协调发展度的具体计算结果及分析见第 5 章。

3.2.4　技术方法

（1）指标体系确定方法

1）理论分析法。采用理论分析，对流域 WREE 耦合的结构、功能、作用机理进行分析；选择科学的评价指标，初步构建协调发展的指标体系。理论分析法主观性较强，通常还需结合其他方法进行指标选择。

2）专家咨询法。采用匿名搜集方式和调查问卷形式，咨询相关研究领域内的专家，专家之间不联系、不讨论，凭借丰富的理论实践经验，对指标进行筛选；最后综合考虑所有专家意见，删除公认意义不大或者不合适的指标[148]。专家咨询法主观性较强，且需经多次收集、归纳、统计、反馈和调查，工作量大。

3）频度统计法。对已有成果资料进行统计，包括研究报告、学术专著、期刊论文、硕博论文等，对其使用的指标进行频率统计，选择出现频率较高的指标作为自己的评价指标；该方法只能针对已发表成果，不能全面反映问题，统计工作量大。

4）相关性分析法。评价指标之间的相关系数能够反映指标间的信息重复程度，数值越大相关性越强。对所选评价指标之间的相关性进行分析，确定指标之间是否存在依存关系，借此对大量指标进行筛选。计算指标间的相关系数，设定置信水平，如果相关系数较大，可采用删除部分指标或合并指标。但由于相关分析可能会出现假相关现象，需有科学的理论依据和准确的经验判断。

（2）量化评价方法

1）权重确定方法。

①层次分析法。层次分析法主要是定性和定量因素组合的多准则决策方法，在结合专家打分的基础上，可以确定两两指标之间的耦合因素并筛选出相

对重要的指标。

②熵权法。利用熵权法确定权重主要是利用各指标的效用值来计算权重的大小，一般而言，效用值越高，则结果对评价的重要性也就越大。

③组合权重法。由层次分析法得到的权重记为主观权重，由熵权法得到的权重记为客观权重，将主观权重值和客观权重值进行线性组合，可得到最终的组合权重值。

2）耦合协调发展度确定方法。耦合协调发展度计算方法通常包括模糊隶属度方法、灰色关联分析法和协同学方法，相比协同学方法和灰色关联分析法，模糊隶属度方法将评价目标看作是多种因素组成的模糊集合，同时设定各因素可能的评审等级，组成评判集，求出各因素隶属于每个评审等级的程度，组成隶属向量，构造评价矩阵。适用于解决过程控制中的非线性、强耦合时变、滞后等问题，并具有较强的容错能力，具有适应受控研究对象动力学特征变化、环境特征变化和条件变化的能力，可依据系统各因素在评价目标中的权重，利用模糊矩阵合成综合评价的定量解[149]，因此使用较为广泛。

模糊综合评价方法最早由学者汪培庄提出，其基本原理是将评价目标看作是多种因素组成的模糊集合，同时设定各因素可能的评审等级，组成评判集，求出各因素隶属于每个评审等级的程度，组成隶属向量，构造评价矩阵。最后，依据各因素在评价目标中的权重，利用模糊矩阵合成综合评价的定量解[149]。

3）综合评价方法。综合评价方法，又称多变量综合评价方法，或者多指标综合评价技术。可以分为专家评价法、经济分析法、运筹学和其他数学方法、数理统计方法以及智能化评价方法几大类，其中运筹学和其他数学方法又包括了多目标决策方法、数据包络分析方法、层次分析法、模糊综合评估方法以及灰色综合评估方法。各种类型的评估方法各有其优缺点，其中专家评分法主观因素较多，应用范围小，经济分析法模型建立困难，应用也不多，数理统计法对数据的依赖也限制了它的应用[149]。

(3) 模拟与调控方法

1）系统动力学方法（SD）。20世纪50年代福雷斯特教授创立系统动力学方法，其是结构方法、功能方法和历史方法的统一，被誉为"战略与决策实验室"[150]。系统动力学方法借助计算机仿真技术构建系统动力学模型进行情景分析，充分认识系统结构、预测系统变量在未来时段内的变化，为决策者提供依据。在对流域WREE耦合协调发展进行评价时，可借助系统动力学建立模拟模型，对WREE不同发展情景进行模拟。

2）地理信息系统（GIS）。系统动力学法能有效模拟系统在时间尺度上的动态行为，但缺乏空间要素的处理能力，难以分析空间要素之间的交互作用。

GIS 直观表现了空间维度及微观上的空间相互作用机制和动态变化规律，但忽视了系统中各要素对个体的反馈作用。综合 SD 和 GIS 的优点，对流域 WREE 时空累积效应及规律进行分析，其中，SD 模型可在明晰要素之间交互关系的基础上实现对系统行为的动态模拟和趋势预测；而 GIS 则能更好地分析各个体单元之间的空间交互机制，进而分析系统发展所造成的空间累积效应。

3）协调发展模型。水资源、经济发展和生态环境协调发展模型是将人口城市预测、投入产出、水环境污染和水资源平衡模型等组合在一起的综合性模型，确定影响水资源、经济发展和生态环境协调发展的主要影响因子[150]。

3.2.5 研究内容

(1) WREE 耦合协调发展度定量评价

流域 WREE 耦合关系协调控制研究的核心内容是对耦合协调发展度（D）进行定量评价，确定调控对策和建议。WREE 耦合协调程度定量评价，是以评价指标体系为基础，依据水资源、经济发展和生态环境 3 个子系统之间耦合协调关系分析，进行耦合协调程度的量化评判。对流域 WREE 耦合协调发展度（D）的定量评价，包括建立评价指标体系、量化评价指标以及构建评价模型等内容。

1）评价指标体系的建立。根据评价指标体系建立的原则，采用理论分析法、频度统计法和相关性分析法等方法，筛选 WREE 耦合协调发展评价指标，建立评价指标体系，为度量 WREE 耦合协调程度提供依据。

2）评价指标的量化。在确定的评价指标等级标准的前提下，采用一定的评价方法，对评价指标进行归一化处理。评价指标主要以定量指标为主，定量指标可通过查阅相关数据库或根据相关数据进行计算得到，结合适当的量化评价方法进行量化。

3）评价模型的构建。在评价指标量化结果的基础上，结合相应的权重，对 WREE 耦合协调发展度进行评价，构建评价模型；其评价模型为利用改进的模糊算法和层次分析法构建的 WREE 模糊综合评判模型。

(2) WREE 耦合协调发展情景模拟及适用性分析

模拟预测未来情景下黄河中下游水资源、经济发展和生态环境耦合协调发展度，保证构建的评价及预测模型在整个黄河流域中下游均具有适用性。一方面在现状评价结果基础上，设定多种情景方案进行模拟，并预判及对比不同情景的未来发展效果；另一方面，采用评价及预测模型对点面尺度现状及未来发展情景下 WREE 耦合协调发展度进行评判，并提出相应发展措施。

1）WREE 情景模拟。WREE 情景模拟的目的是识别水资源、经济发展与生态环境之间各影响因素的相关关系，分析 WREE 演变机理，模拟黄河流域中下游的发展趋势。在系统动力学三大方程的基础上，增加水资源、经济发展和生态环境 3 个子系统相关方程，实现水资源-经济-生态耦合计算。模型构建成功后，从不同生产工艺水平、节能减排、治污减污以及生态环境保护措施等方面设定黄河流域中下游未来 4 种情景下水资源-经济-生态耦合协调发展度。

2）WREE 模型适用性分析。基于构建的耦合协调发展评价及预测模型，选择点尺度为研究实例，利用评价及预测模型对典型实例现状及未来发展情景下 WREE 耦合协调发展程度进行评判，并提出相应的发展措施。

3.3　本章小结

（1）在系统梳理可持续发展理论、系统论和耦合协调发展理论的基础上，提出了 WREE 耦合协调发展度概念，并结合经济协调发展、生态文明建设、科学发展观、人水和谐等指导思想，构建了 WREE 耦合协调发展理论框架。

（2）从水资源、经济、生态属性视角出发，提出了黄河流域中下游水资源-经济-生态耦合发展基本理论，明确了 WREE 耦合协调发展的内涵特征，包含人口、水资源、生态环境、经济、科技、信息等基本特征要素；同时，揭示了 WREE 耦合协调发展条件及机理，同时建立了 WREE 耦合协调发展度模型，并提出了各个发展阶段耦合协调发展度及其划分标准。

（3）根据 WREE 耦合协调发展理论框架，对比分析了耦合协调发展度指标体系确定方法、评价方法和模拟方法等技术方法，提出了耦合协调发展度的定量评价和未来情景模拟及适用性分析等具体研究内容，为黄河流域中下游 WREE 耦合协调发展度评价、模拟预测及应用奠定理论基础。

4　黄河流域中下游WREE耦合协调发展评价指标体系构建

4.1　WREE 评价指标体系构建目的、意义及原则

4.1.1　综合评价指标体系构建目的

通过客观的、可量化的指标体系可以帮助人们评价和认识目前黄河流域中下游水资源、经济与生态协调发展中存在的问题，针对这些问题人们可以有针对性地制定促进黄河流域中下游水资源、经济与生态协调发展的具体方法措施。建立黄河流域中下游 WREE 耦合协调发展评价指标体系具有如下目的：

（1）评价黄河流域中下游 WREE 耦合协调发展程度。通过客观的指标体系及研究区域的实测数据，可以对黄河流域中下游各省份 WREE 耦合协调发展程度进行评价，并划分出不同的等级。

（2）基于对黄河流域中下游 WREE 耦合协调发展现状的研究，通过调整某些关键要素的指标数值，可以探究其对黄河流域中下游水资源、经济与生态协调发展的影响程度，并预测黄河流域中下游水资源、经济与生态协调发展趋势，进而找寻制约黄河流域中下游水资源、经济与生态协调发展的关键因素，识别影响协调发展的关键问题。

（3）通过对黄河流域中下游 WREE 耦合协调发展评价指标体系的分析，探究制约黄河流域中下游 WREE 耦合协调发展的关键因素，制定提高黄河流域中下游 WREE 耦合协调发展的调控对策，从而实现黄河流域中下游水资源、经济与生态协调发展。

4.1.2　综合评价指标体系构建意义

在黄河流域中下游经济区崛起以及经济环境协调发展的总体战略背景下，随着人类生活水平的提高和对美好生存环境的需求，黄河流域中下游地区水资源、经济与生态协调发展日益受到重视。但什么程度才能够算是水资源、经济

与生态协调发展，用哪些指标来衡量，国内外尚未形成统一的标准。建立黄河流域中下游 WREE 耦合协调发展评价指标体系就是通过分析某一地区的水资源、经济发展与生态环境影响要素进而量化该区域耦合协调发展程度。在实际评价中量化难以开展，也不利于对评价结果进行深入分析进而提炼出科学的管理措施。因此，建立黄河流域中下游 WREE 耦合协调发展评价指标体系具有重要意义，主要体现在以下几个方面：

（1）建立黄河流域中下游 WREE 耦合协调发展评价指标体系，是实现黄河流域中下游水资源、经济与生态协调发展的重要组成部分，也是评价或度量这一区域水资源、经济与生态协调发展程度的重要手段。通过对黄河流域中下游 WREE 耦合协调发展的定量监测、评价和调控，对黄河流域中下游各省份协调发展水平进行有效评价，从而科学评判黄河流域中下游水资源、经济与生态协调发展状况。

（2）建立黄河流域中下游 WREE 耦合协调发展评价指标体系，寻找制约因素和影响发展的问题。通过改变影响因素的状态，使黄河流域中下游水资源、经济与生态整体向好的方向发展。通过改变水资源、经济发展与生态环境的影响因素状态，可提高 WREE 水资源、经济与生态协调发展的水平，进而为人们生活与发展提供一个美好健康的环境。

（3）建立黄河流域中下游 WREE 耦合协调发展评价指标体系，可以为政府以及河道相关部门制定决策或管理规定提供科学依据。实现 WREE 水资源、经济与生态的协调发展是一个全社会的行为，应以政策和法规的制定加以引导。所以，建立具有可操作性的评价指标体系，对实现黄河流域中下游 WREE 耦合协调发展的科学决策具有重要意义。

4.1.3 综合评价指标体系构建原则

Wilsdon 在《指标大潮：指标在科研评价与管理中的作用之独立审议报告》中认为目前指标在提出和实践应用中仍然存在很大问题，应用指标的人经常会误解指标制定者的本意。合理的指标体系应该具有以下几个特征：a. 指标应该容易被人们理解，含义清晰；b. 指标数据应该较为容易获取；c. 指标单位应该标准化，便于在不同时空条件下进行比较；d. 指标应该便于实地测量计算；e. 指标应该准确反映问题的本质，具有重要的意义和价值；f. 指标应该能够及时获取，能够精准描绘所发生的现象；g. 指标应该具有国际通用性。

黄河流域中下游不同地区的水资源量、经济水平与生态保护状况差异较大，故要准确评估模拟黄河流域中下游水资源、经济与生态之间的耦合协调发展就应该科学选定评价指标[151]。本章从 WREE 水资源、经济与生态耦合协调发展的内涵出发，分别建立水资源、经济发展和生态环境 3 个子系统指标体系。为保证所选指标具有科学性、代表性以及可操作性，筛选指标时应遵循以下几项原则：

(1) 代表性原则

所选指标应该准确反映问题的本质，具有重要且明确的意义和价值。指标应该容易被人们理解，含义清晰，避免选择含义模糊或者存在争议的指标。同时所选择的指标应具有较强的代表性，能够准确且全面地反映黄河流域中下游水资源、经济与生态状况，避免选择区域不明确或者混淆不清的指标。最后指标单位应该标准化，便于在不同时空条件下进行比较。

(2) 整体性原则

黄河流域中下游 WREE 是一个多层次交互立体结构，故所选指标要能够涉及系统各方面，反应黄河流域中下游整体特征。但是指标也不能过于复杂，要尽量抓住主要矛盾，反映关键问题。同时各指标之间做到相互独立，减少信息数据的重叠，减少不必要的劳动量。

(3) 实践性原则

指标数据应该较为容易获取且指标应该便于实地测量计算，避免选择难以获取的指标和不公开的涉密数据。同时所选指标要具有较强的实践操作性，所采用的指标计算数据应该尽量选择可以直接查阅的统计资料和便于试验测量获取的数据，或者可以通过模型演算获取的数据。

(4) 动态性原则

由于水资源、经济与生态状况是时时刻刻都在发生变化的，导致黄河流域中下游 WREE 是一个动态变化的系统，所以所选指标应该具有时效性，能够准确反映黄河流域中下游 WREE 耦合协调发展动态变化情况。

(5) 数据可靠性原则

在对黄河流域中下游 WREE 耦合协调发展评价指标选择时，尽量选取官方网站上广泛使用的指标，可直接使用官方统计数据。数据录入要实事求是，数据处理要方法合理。

(6) 定性定量相结合原则

定量指标能够客观精确地描述黄河流域中下游 WREE 耦合协调发展情况，便于对比分析，所以评价指标应该尽量选取定量指标。然而对于某些只能用定性指标描述的特殊情况，如果指标非常重要，也可以选择该定性指标。

(7) 政策导向性原则

黄河流域中下游 WREE 耦合协调发展评价指标的选择要符合党和国家的政策导向，这样评价结果才能更好地为党和国家制定战略决策提供依据。

由于黄河流域中下游不同区域水资源、经济发展和生态环境状况差异较大，故不同区域在进行水资源、经济发展和生态环境耦合协调发展评价时所采用的评价指标往往不同。因此，目前黄河流域中下游还没有一套适用于整个区域内的水资源、经济发展和生态环境耦合协调发展评价指标。所以，本章遵循上述原则构建 WREE 耦合协调发展评价指标体系，给出指标的定义、标准与计算过程，为黄河流域中下游 WREE 耦合协调发展科学评价奠定基础。

4.2 WREE 评价指标体系构建

4.2.1 WREE 评价指标体系构建指导思想

黄河流域中下游 WREE 耦合是由水资源、经济发展和生态环境 3 个子系统构成，各子系统都有特定的结构和功能，从而实现黄河流域中下游 WREE 耦合协调发展；同时，各子系统之间并非单纯的叠加关系，而是相互影响，从而使黄河流域中下游 WREE 具有整体性。

各子系统均由若干要素组成，这些要素使各子系统具有特定的结构、实现相应的功能。科学选取评价指标可以精确定量描述要素特征，从而对黄河流域中下游 WREE 耦合协调发展做出正确的评价。评价指标与黄河流域中下游 WREE 耦合协调发展间的关系可用如下关系式表示：

$$\text{WREE 耦合协调发展} \subseteq \begin{cases} \text{水资源子系统} \Leftarrow f[x_1(t),x_2(t),\cdots,x_n(t)] \\ \text{经济发展子系统} \Leftarrow g[y_1(t),y_2(t),\cdots,y_n(t)] \\ \text{生态环境子系统} \Leftarrow h[z_1(t),z_2(t),\cdots,z_n(t)] \end{cases}$$

$$(4.1)$$

式中，x、y、z 分别表示水资源子系统、经济发展子系统和生态环境子系统评价指标，t 表示时间，体现出评价指标的动态特性，f、g、h 分别表示水资源子系统、经济发展子系统和生态环境子系统中评价指标与子系统评价结果函数关系。

依据黄河流域中下游水资源、经济与生态发展的整体特点，采用以下指导思想初步构思 WREE 耦合协调发展评价指标体系。

(1) 水资源子系统评价指标体系

由于水资源子系统是黄河流域中下游 WREE 整个系统最关键的部分，故水资源子系统评价指标体系选取尤为重要。兰国良[152]认为水资源总量与水资源开发供给量是水资源子系统关键指标，同时这两个指标也是描述水资源最基本特征的指标。对于水资源子系统与经济发展子系统，评价指标的选择可以从供水与需水两个角度对水资源子系统进行分析，这是因为水资源与经济协调发展间的内涵联系主要在于经济不同发展阶段对于水资源科学合理的利用水平，水资源与社会协调发展间的内涵联系主要在于人口和社会对于水资源需求的满足程度，故水资源供水与需水两个方面的评价指标可以科学描绘出水资源子系统与经济发展子系统之间的相互关系[153]。随着经济社会的快速发展，其对水资源的需求量日益增大，目前经济社会各部门用水紧张局面日益严峻，故只有对水资源进行科学合理的分配，才能实现经济社会的可持续发展[154]，基于此，可以选取农业需水量、工业需水量、生活需水量三个方面对水资源子系统进行评价。经济社会发展与水资源密不可分，而且目前水资源短缺已是经济社会发展的关键制约因素，故可以选取农业、工业、生活用水比例等指标分析水资源开发利用程度[155]。经济社会的发展离不开水资源，同样经济社会的发展也会对水资源产生一定的影响，特别是对于水资源的供给方式产生重大影响[156]；随着经济社会的发展，蓄水工程供水、地下水供水、跨流域调水等一些能够缓解水资源时间、空间分布不均的供水方式所占的比重逐渐增大，故水资源供给方式方面的评价指标也应是水资源子系统评价指标体系的重要组成。李波[157]从水资源供给情况、水资源需求情况以及水资源利用情况等角度分析评价水资源现状。综上可知，关于黄河流域中下游 WREE 耦合协调发展评价指标体系中水资源子系统评价指标体系的判断，可以从水资源分布情况、水资源需求情况、水资源供给情况以及水资源利用情况等方面考虑。

（2）经济发展子系统评价指标体系

对于经济发展子系统，主要从区域经济发展和社会发展两个方面进行考虑。在经济发展方面，根据经济发展子系统的内涵特征以及经济发展子系统与水资源子系统、生态环境子系统之间的相互联系可知，经济水平是推动黄河流域中下游 WREE 耦合协调发展的原动力[158]，所以经济水平评价指标在黄河流域中下游 WREE 耦合协调发展评价指标体系中至关重要。在众多描述经济水平的评价指标中，经济结构与经济总量是评价经济水平的重要表征指标。除了总量以外，经济发展的质量也是分析经济发展现状的关键指标，这与兰国良[152]和赵祥祥[159]的观点相似，后者在洞庭湖生态环境保护情况与经济区经济发展情况研究中，采用经济结构、经济水平、经济发展质量等指标评价洞庭湖经济区经济发展与生态环境耦合协调发展情况。在描述经济发展质量的指标中，三产比例最具有代表性，通常经济发展质量越高，第一、二产业比重越低，而第三产业比重越高。然而考虑到我国目前的经济发展状况，第一、二产业比重还很高，所以在经济发展评价指标中评价第一、二产业的指标要更为详细一些。在社会发展方面，李秀娟[160]通过研究认为保证经济发展的基础是一个相对稳定的社会环境，她从人口情况、基础设施建设情况、教育科技情况等方面展开社会发展评价；刘承良[158]认为社会发展是水资源发展、经济发展与生态环境发展的终极目标，实现建立"资源节约型社会、环境友好型社会"的核心与关键便是要实现社会发展。从社会可持续发展方面来说，人口增速过快会加速资源的消耗，进而对水资源、生态环境协调发展产生不利影响，有效控制人口数量、提高人民的消费水平可以改善社会发展情况[152]，李勇[161]在社会发展研究中采用人口总量、人均消费水平等指标进行评价。综上所述，人口情况是经济社会发展的基础指标，决定了人均需水量、人均 GDP、人均耕地面积等众多经济发展指标，故人口指标是经济社会子系统评价指标体系的重点；对于经济发展方面，可以选择从经济结构与总量、经济发展质量等角度进行评价。

（3）生态环境子系统评价指标体系

生态环境子系统是黄河流域中下游 WREE 耦合协调发展的保障。对于生态环境情况，不同研究人员从不同的方面对生态环境子系统进行了评价。兰国良[152]通过研究提出环境可持续发展力与环境容量是评价生态环境子系统运转情况的关键指标；刘承良[158]提出生态环境治理情况是影响生态环境质量的关键因素；高伟[162]站在生态环境保护与经济社会协同发展的角度，提出评价区域内生态环境发展水平的核心指标是水量与水质。杨丽花[163]从衡量生态环境与经济社会协调发展的角度提出环境承载力是生态环境子系统中重要的指标，她认为要反映生态环境发展变化特别是水环境的状况，就要从环境保护与环境压力两个角度出发。刘国才[164]通过对区域内经济社会与生态环境协调发展问题进行系统的研究，提出可以从区域内和区域边界水质达标情况对区域内经济社会与生态环境协调发展问题做出科学评价。从广大科研人员的研究结果中可知，生态环境承载能力与目前生态环境污染状况是生态环境子系统发展情况的评价重点。同时考虑到黄河中下游泥沙含量高的特点，流域内水土流失情况和河道输沙情况也应是生态环境子系统发展情况另一个评价重点。综上可知，生态环境子系统评价指标体系的建立可从环境承载能力、环境污染状况以及水土流失情况等方面考虑。

4.2.2 评价指标体系构建流程

图 4-1 为黄河流域中下游 WREE 耦合协调发展评价指标体系构建流程。

在多指标综合评价中，构建合理的评价指标体系是科学评价的前提。黄河流域中下游水资源、经济与生态受到诸多因子的影响，故需要有一套操作性强的评价指标体系才能够实现对水资源、经济与生态进行综合量化评价。黄河流域中下游水资源、经济发展与生态环境 3 个子系统之间相互依赖、相互协调、相互联系、相互作用，增添了指标筛选的难度。为了能够全面科学地选取指标，尽可能准确地评价黄河流域中下游水资源、经济与生态间的关系，在对评价指标体系初步构建时，选择尽可能多的评价指标，为黄河流域中下游 WREE 耦合协调发展评价指标体系构建提供基础支撑。

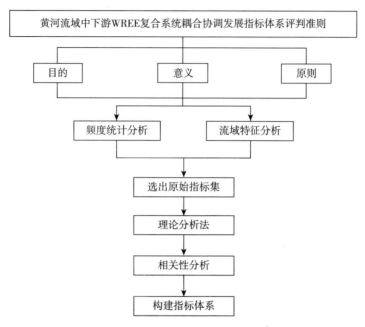

图4-1 黄河流域中下游WREE耦合协调发展指标体系构建流程图

本章在遵照指标体系判断准则的前提下,依据WREE耦合协调发展评价指标体系构建目的、意义及原则,在水资源、经济与生态指标频度统计分析的基础上,结合黄河中下游流域的特点,选出原始指标集;再采用理论分析法和相关性分析法筛选出评价指标。

4.2.3 评价指标体系初步构建

本章在分析黄河流域中下游WREE三个子系统的结构及其运行发展变化规律的基础上,依据指标要有整体性、实践性、可靠性、动态性以及政策导向性等原则,将黄河流域中下游WREE耦合协调发展评价指标体系划分为两个层次,如图4-2所示。

第一级为准则层,包括黄河流域中下游水资源、经济发展和生态环境三个准则层。第二级为指标层,包括人均水资源量、平均年降水量、人口密度、人口增长率、植被覆盖率、河道输沙量以及生态环境用水率等。

从中国知网以及万方数据知识服务平台中以主题"水资源、经济发展、生态环境"进行文献搜索,搜索到112篇相关文献,然而文献中涉及评价指标体系的文献仅45篇,涉及研究层次包括博士、硕士以及期刊文章。利用频度统计法从45篇文章中选出引用频次超过2次以上的指标,共有134个评价指标,具体指标及频度结果如表4-1至表4-3所示。

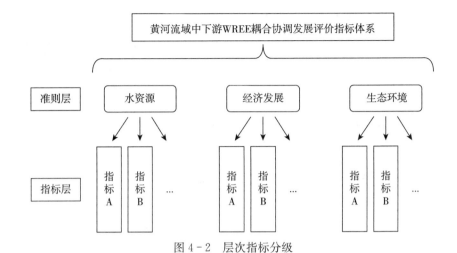

图 4-2　层次指标分级

表 4-1　水资源子系统评价指标频度分析结果

序号	名称	频次	频率	序号	名称	频次	频率
1	人均水资源量	38	84	21	地下水埋深	10	22
2	平均年降水量	33	73	22	地表水 NH_4-N 浓度	7	16
3	年平均蒸发量	33	73	23	地下水矿化度	7	16
4	干旱指数	30	67	24	地表水水质	7	16
5	水资源模数	20	44	25	河口来水缩减率	6	13
6	地下水年降幅	18	40	26	河流淤积程度	6	13
7	总用水量	18	40	27	水陆交错带的水状况	6	13
8	水资源利用率	15	33	28	地下水水质	6	13
9	农业用水比例	15	33	29	地下水漏斗面积比	5	11
10	工业用水比例	15	33	30	生态用水保证率	4	9
11	生活用水比例	15	33	31	淡水资源指数	4	9
12	水资源供给量模数	14	31	32	降水 pH 年均值	4	9
13	水资源供给普及率	14	31	33	水功能区达标率	3	7
14	水资源供给量增长率	13	29	34	河流纵向连通性	3	7
15	地下水供水比例	13	29	35	河流横向连通性	3	7
16	蓄水工程供水比例	13	29	36	泥沙冲淤平衡状况	3	7
17	跨流域调水比例	12	27	37	海岸线长度	2	4
18	地表水资源开发利用率	11	24	38	河道变化	2	4
19	地表径流深	10	22	39	水域指数	2	4
20	地下水资源开采率	10	22				

表 4-2　经济发展子系统评价指标频度分析结果

序号	名称	频次	频率	序号	名称	频次	频率
1	人口密度	33	73	26	灌溉水利用系数	9	20
2	人口增长率	33	73	27	田间配套设施完善度	9	20
3	人均 GDP	32	71	28	城市化率	9	20
4	GDP 增长率	32	71	29	渠道衬砌率	8	18
5	万元 GDP 用水量	31	69	30	地表水工程供水能力	8	18
6	需水量模数	29	64	31	排涝工程覆盖率	7	16
7	人均需水量	29	64	32	工程维护程度	7	16
8	第一产业比例	27	60	33	防洪效益	6	13
9	第二产业比例	25	56	34	堤岸稳定性	6	13
10	第三产业比例	25	56	35	光能利用率	6	13
11	城镇生活用水定额	23	51	36	机井密度	5	11
12	农村生活用水定额	23	51	37	农产品质量水平	5	11
13	工业产值模数	19	42	38	有机农产品占比	5	11
14	工业总产值占 GDP 比重	19	42	39	劳动生产率	5	11
15	人均耕地面积	18	40	40	单位面积产值	4	9
16	人均粮食产量	18	40	41	农业产值密度	4	9
17	耕地灌溉率	15	33	42	投入产出比率	4	9
18	灌溉用水定额	15	33	43	土地产出率	4	9
19	机械化水平	14	31	44	单方水产值	3	7
20	节水灌溉面积	14	31	45	牧业收入比	3	7
21	河道防护工程完善度	12	27	46	虚拟水贸易	3	7
22	设施灌溉面积	12	27	47	商品率	2	4
23	灌区量水设施自动化管理水平	10	22	48	科技进步贡献率	2	4
24	灌区改造资金投入情况	10	22	49	政策效度	2	4
25	农村人均纯收入	10	22	50	劳动力素质	2	4

表 4-3　生态环境子系统评价指标频度分析结果

序号	名称	频次	频率	序号	名称	频次	频率
1	安全饮用水比例	35	78	24	地膜回用率	9	20
2	污径比	31	69	25	优良空气质量达标率	8	18
3	氨氮环境承载率	30	67	26	年极端低温天数	8	18
4	水质达标率	28	62	27	年极端高温天数	8	18
5	工业污染排放量	23	51	28	年风灾天数	7	16
6	农业污染排放量	23	51	29	生态足迹	7	16
7	生活污水排放量	23	51	30	栖息地面积	7	16
8	植被覆盖率	20	44	31	珍稀或濒危动物数量	6	13
9	污水达标排放率	18	40	32	珍稀或濒危植物数量	6	13
10	污水处理率	17	38	33	物种丰富度指数	5	11
11	污水回用率	16	36	34	不透水面积比	5	11
12	水土流失强度	15	33	35	盐碱化程度	5	11
13	土地退化率	14	31	36	土壤重金属含量超出背景值的倍数	4	9
14	湿地保持率	14	31	37	土壤侵蚀模数	4	9
15	湖库富营养化比例	13	29	38	农田林网覆盖率	3	7
16	河道输沙量	13	29	39	荒漠化程度	3	7
17	生态环境用水率	12	27	40	土地开发利用强度	2	4
18	农业废弃物的无害化处理与资源化利用率	12	27	41	土壤可侵蚀性	2	4
19	废气处理率	11	24	42	破碎度指数	2	4
20	环保投资指数	11	24	43	农防林指数	2	4
21	固体废弃物处理率	10	22	44	土地退化率	2	4
22	农药施用强度	10	22	45	超载过牧指数	2	4
23	化肥施用强度	10	22				

4.3　评价指标筛选

4.3.1　评价指标理论分析筛选

（1）水资源子系统评价指标理论分析筛选

根据黄河流域中下游 WREE 耦合协调发展评价指标体系指导思想，对水资源子系统特征要素分析可知，水资源子系统是黄河流域中下游 WREE 整个系统关键的部分。首先，水资源总量和分布情况是黄河流域中下游 WREE 可持续协调发展的基础，由表4-1频度分析结果可知，人均水资源量和水资源模数频度较高，故可作为衡量区域内水资源丰度的指标。在 SPAC 系统水循环中，降雨和蒸发是受气候变化和土地利用影响最大的两项，同时也是地表水量平衡与热量平衡的组成部分，对深入了解气候变化、探讨水分循环变化规律具有十分重要的意义，在估算陆地蒸发、作物需水和作物水分平衡等方面具有重要的应用价值。同时，蒸发和降雨也是衡量区域干旱程度的重要因子，雨量稀少、地下水源及流入径流水量不多的地区，如蒸发量很大，极易发生干旱。因此本书选用年平均蒸发量、平均年降水量和干旱指数指标作为衡量流域水资源流通程度的指标，其中干旱指数是年蒸发能力与年降水量的比值。用水量和用水效率也是水资源子系统中重要的评价指标，选用总用水量和水资源利用率指标描述区域用水量和用水效率。

目前，经济发展过程中社会各部门用水紧张局面日益严峻，只有科学合理分配水资源，才能实现经济社会的可持续发展，依据表4-1结果，本书采用农业用水比例、工业用水比例、生活用水比例指标分别对农业、工业和生活用水量进行评价。除了水资源总量、用水量以外，供水量也是水资源子系统中重要的评价指标，本书选用水资源供给量模数、水资源供给普及率、水资源供给量增长率指标对供水量进行评价，同时选取蓄水工程供水比例、跨流域调水比例、地下水供水比例等指标描述区域水资源供给类型。目前由于地下水资源超量开采带来的地下水漏斗、湿地退化、干旱频发、海水入侵等生态问题日益严峻，地下水资源的过量开采也使地下水资源逐步枯竭，所以本章选用地下水埋深和地下水年降幅描述区域地下水资源状况。

（2）经济发展子系统评价指标理论分析筛选

由黄河流域中下游 WREE 耦合协调发展评价指标体系判断准则中对经济发展子系统特征要素分析可知，本书主要从人口发展水平、经济结构与总量、经济发展质量等方面对经济发展子系统进行评价。人口是影响水资源、经济发展和生态环境的重要因素，合理的人口增长速度、人口结构以及人口总量不仅可以减少排污总量的增加和城乡水资源的消耗，还可以提高经济发展水平。人口增长率过高、人口总数过大会对自然资源造成过度消耗，同时也加剧了对生态环境的污染，对黄河流域中下游 WREE 耦合协调发展非常不利。

由表4-2中结果可知，人们通常使用人口密度与人口自然增长率两项指标评价人口规模与人口增长情况；人均 GDP 和 GDP 增长率为反映经济实力使用频度较高的指标，因此，本书选用这两个指标来反映区域经济实力水平。研究表明，经济水平与需水量密切相关，本书中选用万元 GDP 用水量、人均需水量和需水量模数三项指标描述水资源的需求量。经济结构是人类对生态环境产生污染物的"控制器",也是人类对自然资源消耗的"配置器",人类对自然资源的消耗以及对生态环境污染的规模、类型与经济结构有着直接或间接的联系。结合表4-2分析可知,本书选用第一产业、第二产业和第三产业比例来反映区域经济结构。同时,选用人均耕地面积、人均粮食产量、耕地灌溉率和灌溉用水定额4项指标描述区域农业发展水平;选用工业产值模数和工业总产值占 GDP 比重两项指标描述区域工业发展水平;选用城镇生活用水定额和农村生活用水定额两项指标描述区域居民生活状况。

同时考虑到黄河中下游地区属于洪水易发区,洪水灾害给当地的社会经济发展造成严重的影响,灾害损失惨重,所以应该增加防洪方面的指标;虽然防洪效益指标在频度分析结果中显示引用频率较低,但综合黄河中下游特征,仍将其纳入经济发展子系统评价体系。

(3) 生态环境子系统评价指标理论分析筛选

通过前文对生态环境子系统特征要素分析结果可知,生态环境指标要反映生态环境对人类生存及社会经济持续发展的适宜程度,要根据人类的具体要求对生态环境的性质及变化状态的结果进行评定。饮用水供给量直接关系到千家万户的"水龙头",是生态环境子系统中需要重点考虑的指标之一,所以本书选用安全饮用水比例指标来评价饮用水供给量。如果人类在生活与生产中向水体内排放超过水体承载力的污染物,就会造成生态环境的恶化,进而又会影响人类的正常生活和生产;近年来随着我国工业的快速发展,工业污染日益严峻,所以科学评价水环境的承载能力以及目前水污染物的排放量是生态环境子系统评价指标体系的重要内容。因此,在结合表4-3结果的基础上,本书采用污径比、水质达标率和污水达标排放率3个指标来反映污染物排放量所带来的压力,同时采用农业污染排放量、工业污染排放量和生活污染排放量分别评价农业、工业和生活污染物排放的影响。近年来,黄河中下游地区为了追求农业高产,在农业生产中过量使用氮肥,导致大量水体富营养化,造成严重的环境污染,因此本书选用氨氮环境承载率来反映水环境污染承载状况。面对已经造成的环境污染,目前环保部门已经采取一系列措施治理工业的无序发展,改善生态环境,由表4-3结果可知,污水处理率和污水回用率2个指标为使用频度较高的指标,因此,本书采用这两项指标对流域生态环境治理水平进行评价。目前,我国经济的快速发展,造成的水土流失进一步恶化,同时由于黄河流域地理位置的特殊性,水土流失造成黄河巨大的泥沙含量是黄河流域中下游生态环境子系统中评价的重中之重。因此,选用植被覆盖率、水土流失强度、土地退化率、湿地保持率和河道输沙量5个指标从水土保持各方面描述黄河水土流失情况。水既是人类生存和发展的重要物质基础,也是动植物生长的基本要素，同时又是环境的重要组成部分，随着近代社会经济用水的不断增长，天然生态系统和环境的用水被掠夺，诱发诸如天然植被退化、河道断流、水体富营养化等严重的生态环境问题。选用湖库富营养化比例和生态环境用水率两项指标描述区域生态环境恢复情况。

同时考虑到气候变化和不合理的人类活动共同作用导致了黄河中下游土壤沙化的快速发展。其中，气温升高是自然因素中的主要因素，农业开垦是人为因素中的主要因素，人类对沼泽地的破坏也为沙漠化的发展起到了加速作用。虽然荒漠化程度和土壤可侵蚀性在频度分析结果中显示引用频率较低，但综合黄河中下游特征，仍将其纳入经济发展子系统评价体系。

经理论分析后，水资源子系统筛选出 18 个指标，经济发展子系统筛选出 19 个指标，生态环境子系统筛选出 19 个指标，共 56 个指标，评价指标见表 4-4。

表4-4 水资源、经济与生态综合评价指标理论分析结果

水资源子系统		经济发展子系统		生态环境子系统	
序号	名称	序号	名称	序号	名称
1	人均水资源量	19	人口密度	38	安全饮用水比例
2	平均年降水量	20	人口增长率	39	污径比
3	年平均蒸发量	21	人均 GDP	40	氨氮环境承载率
4	干旱指数	22	GDP 增长率	41	水质达标率
5	水资源模数	23	万元 GDP 用水量	42	工业污染排放量
6	地下水年降幅	24	需水量模数	43	农业污染排放量
7	总用水量	25	人均需水量	44	生活污水排放量
8	水资源利用率	26	第一产业比例	45	植被覆盖率
9	农业用水比例	27	第二产业比例	46	污水达标排放率
10	工业用水比例	28	第三产业比例	47	污水处理率
11	生活用水比例	29	城镇生活用水定额	48	污水回用率
12	水资源供给量模数	30	农村生活用水定额	49	水土流失强度
13	水资源供给普及率	31	工业产值模数	50	土地退化率
14	水资源供给量增长率	32	工业总产值占 GDP 比重	51	湿地保持率
15	地下水供水比例	33	人均耕地面积	52	湖库富营养化比例
16	蓄水工程供水比例	34	人均粮食产量	53	河道输沙量
17	跨流域调水比例	35	耕地灌溉率	54	生态环境用水率
18	地下水埋深	36	灌溉用水定额	55	荒漠化程度
		37	防洪效益	56	土壤可侵蚀性

4.3.2　评价指标相关性分析筛选

鉴于子系统指标之间存在一定的线性相关性，需筛除掉相关性较强的指标，这样不仅可以进一步简化指标，还可以避免由于指标间的相关性关系影响评价结果[165]。选用相关性分析法判断指标之间的线性相关性，具体计算公式如下：

$$R = \frac{\sum (x - \bar{x})(y - \bar{y})}{\sqrt{\sum (x - \bar{x})^2 \sum (y - \bar{y})^2}} \qquad (4.2)$$

式中，x、y 代表两个评价指标，$\bar{x}$、$\bar{y}$ 分别代表这两个指标的平均值，R 为相关系数，表征两个指标之间的相关程度，取值范围为 [−1，1]，其中 R 的绝对值越接近 1，说明这两项指标之间的相关程度越高，相关程度较高的两个指标可以考虑筛除掉其中一个；R 的绝对值越接近于 0，表明这两项指标之间的相关程度越低，相关程度较低的两项指标均可以考虑保留。

由于指标数量较多，计算量较大，采用 SPSS 软件实现指标之间的相关分析，分析结果如表 4-5 至表 4-7 所示（表 4-5 至表 4-7 数据为评价指标之间的相关系数，用"＊"对显著相关关系作了标示）。

（1）水资源子系统指标相关性分析筛选结果

通过皮尔逊检验，由表 4-5 中可以看出，水资源子系统各指标大致上彼此间相关性关系很弱，只有两组指标间存在相关性。地下水供水比例和地下水年降幅、地下水埋深存在明显的相关性，地下水供水比越高通常地下水年降幅越大、地下水埋深也越大，其相关系数 R 的绝对值分别为 0.78、0.67，表明可以用地下水供水比例代替地下水年降幅和地下水埋深。水资源供给量模数和水资源供给普及率、水资源供给量增长率存在明显的相关性，其相关系数 R 的绝对值分别为 0.85、0.76，表明可以用水资源供给量模数代替水资源供给普及率和水资源供给量增长率。结合上述理论分析与相关性分析的结果，水资源子系统最终采用人均水资源量、平均年降水量、年平均蒸发量、干旱指数、水资源模数、总用水量、水资源利用率、农业用水比例、工业用水比例、生活用水比例、水资源供给量模数、地下水供水比例、蓄水工程供水比例和跨流域调水比例作为评价指标。

（2）经济发展子系统指标相关性分析筛选结果

从表 4-6 可看出，经济发展子系统各指标彼此间相关性关系也很弱。具体指标之间的相关性为：人均 GDP 与人口增长率指标之间具有较强的相关性，人均 GDP 越高，人口增长率越低，相关系数 R 的绝对值为 0.71，表明人均 GDP 能代表人口增长率。人均需水量和需水量模数指标之间具有较强的相关性，人均需水量越高，需水模数也越高，相关系数 R 的绝对值为 0.75，表明

表4-5 水资源子系统各指标间的相关分析结果

指标	指标1	指标2	指标3	指标4	指标5	指标6	指标7	指标8	指标9	指标10	指标11	指标12	指标13	指标14	指标15	指标16	指标17	指标18
指标1	1.00																	
指标2	0.35	1.00																
指标3	-0.21	-0.32	1.00															
指标4	-0.32	-0.12	0.02	1.00														
指标5	0.59	0.12	-0.09	0.01	1.00													
指标6	-0.21	-0.02	0.19	0.12	-0.23	1.00												
指标7	0.12	0.35	-0.30	0.43	0.54	0.35	1.00											
指标8	0.21	0.42	0.28	0.54	0.27	0.21	-0.21	1.00										
指标9	0.01	0.32	0.29	0.23	0.23	0.12	0.32	-0.22	1.00									
指标10	0.11	0.12	0.13	0.25	0.46	-0.32	0.11	0.32	-0.23	1.00								
指标11	0.21	0.02	0.02	0.21	0.54	0.11	0.32	0.49	-0.33	-0.33	1.00							
指标12	0.01	0.32	-0.03	-0.22	0.12	0.31	0.22	0.40	0.43	0.24	0.22	1.00						
指标13	0.24	0.21	0.03	0.01	0.11	0.21	0.23	0.19	0.33	0.02	0.12	0.85**	1.00					
指标14	0.23	0.27	0.43	0.33	0.23	0.22	0.11	0.22	0.11	0.22	0.01	0.76*	0.21	1.00				
指标15	0.32	0.30	0.05	0.02	0.49	0.78**	-0.02	-0.22	0.44	0.23	0.02	-0.02	0.33	-0.24	1.00			
指标16	0.43	0.13	0.03	0.23	0.32	-0.12	0.03	0.32	0.44	0.21	0.43	-0.22	0.21	0.23	-0.11	1.00		
指标17	-0.23	-0.02	0.02	0.39	0.23	0.21	0.12	0.23	0.33	0.12	0.12	-0.49	0.18	0.23	-0.23	-0.33	1.00	
指标18	0.12	-0.12	0.02	0.54	0.43	0.43	0.43	0.22	0.22	0.22	0.02	0.11	0.28	0.28	0.67*	0.22	0.22	1.00

注：表中带"**"标记的数据表示通过显著水平0.01的检验，"*"标记的数据表示通过显著水平0.05的检验。

表 4－6　经济发展子系统各指标间的相关分析结果

指标	指标1	指标2	指标3	指标4	指标5	指标6	指标7	指标8	指标9	指标10	指标11	指标12	指标13	指标14	指标15	指标16	指标17	指标18	指标19
指标1	1.00																		
指标2	0.54	1.00																	
指标3	−0.12	−0.71*	1.00																
指标4	0.21	−0.22	0.53	1.00															
指标5	0.57	0.13	−0.37	−0.02	1.00														
指标6	0.13	0.21	0.19	0.12	0.31	1.00													
指标7	0.21	0.45	0.28	0.23	0.54	0.75**	1.00												
指标8	0.23	0.21	−0.24	−0.43	0.27	0.26	0.21	1.00											
指标9	0.02	0.22	−0.27	0.31	0.31	0.12	0.21	−0.32	1.00										
指标10	0.12	0.21	0.58	−0.54	−0.43	0.03	0.31	−0.26	−0.31	1.00									
指标11	0.43	0.21	0.23	0.51	0.43	0.12	0.23	0.23	−0.12	0.43	1.00								
指标12	0.52	0.02	−0.34	0.22	0.12	0.13	0.24	0.53	0.22	−0.14	−0.42	1.00							
指标13	0.43	0.12	0.31	0.12	0.51	0.12	0.24	0.17	0.53	0.53	0.30	−0.35	1.00						
指标14	0.23	0.25	0.47	0.33	0.22	0.32	0.13	0.21	0.59	−0.31	0.23	−0.22	0.42	1.00					
指标15	−0.22	−0.28	0.04	0.02	0.17	0.04	−0.21	0.23	0.45	−0.23	0.60	0.02	0.53	0.24	1.00				
指标16	0.76**	−0.26	0.32	0.34	0.24	0.23	0.03	0.31	0.13	0.22	−0.32	0.22	0.22	0.23	0.42	1.00			
指标17	0.23	0.23	0.21	0.37	0.32	0.03	0.45	0.45	0.34	0.19	−0.32	0.49	0.18	0.23	−0.11	0.83**	1.00		
指标18	0.22	0.23	−0.02	−0.14	0.02	0.13	0.42	0.32	0.21	0.21	−0.21	0.11	0.21	0.28	−0.11	0.23	0.25	1.00	
指标19	0.32	0.37	0.45	0.23	0.03	0.13	0.11	0.32	0.21	0.15	0.43	0.12	0.22	0.03	0.22	0.23	0.23	0.06	1.00

注：表中带"**"标记的数据表示通过显著水平 0.01 的检验，"*"标记的数据表示通过显著水平 0.05 的检验。

表4-7 生态环境子系统各指标间的相关分析结果

	指标1	指标2	指标3	指标4	指标5	指标6	指标7	指标8	指标9	指标10	指标11	指标12	指标13	指标14	指标15	指标16	指标17	指标18	指标19
指标1	1.00																		
指标2	−0.21	1.00																	
指标3	−0.12	0.54	1.00																
指标4	0.04	−0.76***	−0.54	1.00															
指标5	−0.28	0.43	0.55	−0.82**	1.00														
指标6	−0.03	0.45	0.35	−0.21	0.12	1.00													
指标7	0.03	0.35	0.44	−0.11	0.08	0.33	1.00												
指标8	0.12	0.02	0.01	0.02	0.12	0.05	0.03	1.00											
指标9	−0.03	−0.82**	0.11	0.12	−0.22	0.03	0.21	0.05	1.00										
指标10	0.22	0.03	0.02	0.73*	0.32	0.09	0.11	0.21	0.02	1.00									
指标11	0.02	0.22	0.03	0.22	0.22	0.43	0.02	0.12	0.11	0.22	1.00								
指标12	0.08	0.01	0.09	0.05	0.07	0.09	0.11	−0.56	0.11	0.05	0.21	1.00							
指标13	−0.18	0.28	0.11	0.05	0.32	0.11	0.09	−0.79**	0.21	0.02	0.09	0.76*	1.00						
指标14	0.32	0.02	0.21	0.03	0.33	0.22	0.08	0.49	0.34	0.12	0.03	−0.77**	−0.56	1.00					
指标15	−0.09	0.84**	0.03	0.44	0.36	0.64	0.44	0.32	−0.56	0.32	0.09	0.21	0.22	−0.22	1.00				
指标16	0.03	0.02	0.22	0.12	0.05	0.22	0.12	−0.49	0.22	0.21	0.01	0.48	0.81***	−0.45	0.09	1.00			
指标17	0.43	0.01	0.11	0.21	0.07	0.11	0.18	0.12	0.22	0.01	0.01	0.12	0.21	0.11	0.02	0.09	1.00		
指标18	0.12	0.02	0.05	0.11	0.12	0.22	0.04	−0.47	0.05	0.08	0.11	0.44	0.39	−0.33	0.11	0.38	0.21	1.00	
指标19	0.02	0.10	0.03	0.12	0.12	0.09	0.11	−0.74	0.04	0.02	0.07	0.82**	0.34	−0.53	0.12	0.45	0.21	0.43	1.00

注：表中带"**"标记的数据表示通过显著水平0.01的检验，"*"标记的数据表示通过显著水平0.05的检验。

人均需水量能代表需水量模数。人均耕地面积、耕地灌溉率与人均粮食产量的相关系数 R 的绝对值分别为 0.79 和 0.83，表明耕地灌溉率、人均耕地面积与人均粮食产量之间具有较强的相关性，人均耕地面积越高，耕地灌溉率越高，人均粮食产量越高，故人均耕地面积和耕地灌溉率均可代替人均粮食产量。结合上述理论分析与相关性分析的结果，经济发展子系统最终采用人口密度、人均 GDP、GDP 增长率、万元 GDP 用水量、人均需水量、人均耕地面积、第一产业比例、第二产业比例、第三产业比例、城镇生活用水定额、灌溉用水定额、农村生活用水定额、耕地灌溉率、工业产值模数、工业总产值占 GDP 比重和防洪效益作为评价指标。

（3）生态环境子系统指标相关性分析筛选结果

从表 4-7 可以看出，生态环境子系统各指标大致上彼此间相关性关系也很弱。具体指标之间的相关性为：污径比与污水达标排放率、湖库富营养化比例之间相关系数 R 的绝对值分别为 0.82 和 0.84，表明污径比越高、污水达标排放率越低、湖库富营养化比例越高，故可以用污径比指标替代污水达标排放率、湖库富营养化比例。污径比、工业污染排放量、污水处理率与水质达标率指标之间具有较强的相关性，污径比越高、工业污染排放量越高、污水处理率越低、水质达标率越低，相关系数 R 的绝对值分别为 0.76、0.82 和 0.73，表明污径比、工业污染排放量、污水处理率均能代表水质达标率。植被覆盖率、水土流失强度、河道输沙量与土地退化率之间相关系数 R 的绝对值分别为 0.79、0.76 和 0.81，植被覆盖率越高、水土流失强度越弱、河道输沙量越低，则土地退化率越低，故植被覆盖率、水土流失强度、河道输沙量均可替代土地退化率。水土流失强度与湿地保持率之间也存在较强的相关性，水土流失强度越高，湿地保持率越低，相关系数 R 的绝对值为 0.77，故可以用水土流失强度指标替代湿地保持率。水土流失强度与土壤可侵蚀性之间存在较强的相关性，土壤可侵蚀性越高，水土流失强度越大，相关系数 R 的绝对值为 0.82，因为已经选取了水土流失强度指标，故可以用水土流失强度代替土壤可侵蚀性。综上相关性分析，通过对初选评价指标的逐一分析筛选，最终确定的生态环境子系统指标是：安全饮用水比例、污径比、工业污染排放量、氨氮环境承载率、农业污染排放量、生活污水排放量、污水处理率、污水回用率、水土流失强度、河道输沙量、植被覆盖率、生态环境用水率和荒漠化程度。

4.4 WREE 评价指标体系确立

4.4.1 指标体系

通过频度统计法、理论分析法和相关性分析法最终得到黄河流域中下游

WREE 耦合协调发展评价指标体系。指标体系中水资源指标 14 个，经济发展水平指标 16 个，生态环境指标 13 个，共 43 个指标，如表 4-8 所示。

表 4-8 黄河流域中下游水资源、经济与生态综合评价指标

准则层	指标层			
	序号	名称	指标描述及计算	单位
水资源指标	1	人均水资源量	水资源总量/人口总数	m^3/人
	2	平均年降水量	多年降水量总和/年数	mm
	3	年平均蒸发量	多年蒸发量总和/年数	mm
	4	干旱指数	年蒸发能力/年降水量	—
	5	水资源模数	水资源总量/土地面积	$10^6 m^3$/km^2
	6	总用水量	每年消耗的水资源总量	m^3
	7	水资源利用率	流域或区域用水量/水资源总量	%
	8	农业用水比例	农业用水量/总用水量	%
	9	工业用水比例	工业用水量/总用水量	%
	10	生活用水比例	生活用水量/总用水量	%
	11	水资源供给量模数	水资源供给量/土地面积	$10^6 m^3$/km^2
	12	地下水供水比例	地下水供水量/总供水量	%
	13	蓄水工程供水比例	蓄水工程供水量/总供水量	%
	14	跨流域调水比例	跨流域调水量/总供水量	%
经济发展水平	15	人口密度	总人口/土地面积	人/km^2
	16	人均 GDP	GDP/总人口	元/人
	17	GDP 增长率	(现状 GDP-基准年 GDP)/基准年 GDP	%
	18	万元 GDP 用水量	用水量/GDP	m^3/万元
	19	人均需水量	需水量/总人口数	m^3/人
	20	第一产业比例	第一产业产值占 GDP 的比率	%
	21	第二产业比例	第二产业产值占 GDP 的比率	%
	22	第三产业比例	第三产业产值占 GDP 的比率	%
	23	城镇生活用水定额	城镇居民每人每日平均生活用水量的标准值	L/人
	24	农村生活用水定额	农村居民每人每日平均生活用水量的标准值	L/人
	25	工业产值模数	工业总产值/土地面积	万元/km^2
	26	工业总产值占 GDP 比重	工业总产值/GDP	%
	27	人均耕地面积	耕地总面积/总人口	亩/人
	28	耕地灌溉率	灌溉面积/耕地面积	%
	29	灌溉用水定额	灌溉用水/灌溉面积	m^3/亩
	30	防洪效益	运用防洪措施减免的洪灾损失	万元

（续）

准则层	指标层			
	序号	名称	指标描述及计算	单位
	31	安全饮用水比例	饮用卫生达标水的人口/总人口	%
	32	污径比	污水排放量/河流径流量	%
	33	氨氮环境承载率	氨氮排放量/河道径流量	%
	34	工业污染排放量	工业废水排放量	t/年
	35	农业污染排放量	农业污染量	t/年
	36	生活污水排放量	日常生活中污水排放量	t/年
生态环境指标	37	植被覆盖率	有植被覆盖的面积/总面积	%
	38	污水处理率	污水处理量/污水排放总量	%
	39	污水回用率	污水回用量/（污水回用量＋直接排入环境的污水量）	%
	40	水土流失强度	水土流失面积/总面积	%
	41	河道输沙量	输移比×土壤侵蚀模数×水土流失面积	t
	42	生态环境用水率	生态环境用水量/总用水量	%
	43	荒漠化程度	荒漠化土地面积/总面积	%

4.4.2 数据来源

本书所采用的研究数据，主要来源于 1999—2018 年《中国水资源公报》[166]，《中国统计年鉴》[167]以及黄河流域中下游 5 个省（自治区）、43 个市级行政单位统计年鉴和水资源公报，部分缺失资料通过其他指标计算获得。

4.5 WREE 耦合协调发展评价指标目标值确定

在对黄河流域中下游 WREE 耦合协调发展评价指标体系构建后，本节采用目标值法确定 WREE 耦合协调发展评价指标目标值。目标值法更适合于评价协调发展水平及找出影响协调发展的关键因素和症结所在。

4.5.1 WREE 耦合协调发展指标目标值确定方法

目前关于协调发展评价指标目标值的确定并无合理可行的方法，参考国内生态城市、可持续发展城市等在确定指标目标值时多采用未来某个时期的规划目标值、期望值或理想值，或采用某一典型城市或理想城市的数值作为标准[165]。因此，本书在对流域 WREE 耦合协调发展指标目标值设定时，遵循以下原则：一是已有国际标准或国家标准的指标，尽可能采用规定的标准值；二是尽量与我国现有的相关城市考核指标（生态市、环保模范城市）的目标值一致；三是参考国内可持续发展、宜居、生态和新资源经济城市等典型城市相关指标值；四是采用专家咨询法。根据《2019 中国城市竞争力报告》中可持续发展城市、宜居城市和生态城市的评价结果及《新资源经济城市指数报告》中新资源经济城市评价结果，选取排名靠前的城市作为典型城市，最终选取 6 类18 个城市（去除叠加城市），结果如表 4-9 所示。

表 4-9　指标目标值确定参考城市

序号	城市类别	城市
1	经济竞争力城市	北京、苏州、武汉、成都
2	可持续发展城市	上海、深圳、南京、天津
3	宜居城市	无锡、宁波、厦门、南通、镇江
4	宜商城市	杭州、重庆
5	生态城市	广州、青岛
6	新资源经济城市	大连、上海

4.5.2　WREE 耦合协调发展指标目标值的确定

依据上述原则及选定的典型参考城市，流域 WREE 协调发展指标值确定及参考依据如表 4-10 所示。

表 4-10　WREE 耦合协调发展指标目标值

指标层	目标值	指标值选取依据
人均水资源量（m³/人）	696.65	2016—2018 年全国分别为 2 354.9、2 074.5、1 971.8。2018 年成都 783，青岛 170.2，大连 414.65，北京 165，天津 112，武汉 317.3，杭州 2 538，宁波 2 026，重庆 1 689，苏州 353.49，南京 380.5，无锡 313.33，南通 511.5，镇江 398.81，上海 1 407.9，厦门 229.25，广州 506，深圳 223.47
平均年降水量（mm）	930.49	2016—2018 年全国分别为 730、664.8、682.5。2018 年成都 1 514.24，青岛 741.6，大连 651.4，北京 626，天津 573，武汉 1 240，杭州 1 675.8，宁波 1 603，重庆 1 134.8，苏州 1 275.1，南京 1 200，无锡 1 268.5，南通 1 216，镇江 1 221.9，上海 1 266.6，厦门 1 290.2，广州 1 820.7，深圳 1 830

（续）

指标层	目标值	指标值选取依据
水资源模数 （$10^6 m^3/km^2$）	0.572 3	2016—2018 年全国分别为 0.338 2、0.299 6、0.286 1。2018 年成都 0.891 7，青岛 0.141 9，大连 0.196 3，北京 0.216 6，天津 0.147 0，武汉 0.410 0，杭州 0.900 0，宁波 0.800 0，重庆 0.640 0，苏州 0.437 8，南京 0.487 3，无锡 0.566 5，南通 0.524 6，镇江 0.321 2，上海 0.610 4，厦门 0.554 4，广州 0.997 7，深圳 1.457 3
总用水量 （亿 m^3）	38.29	2016—2018 年全国分别为 6 040.20、6 043.40、6 015.50。2018 年成都 56.02，青岛 9.33，大连 16.27，北京 39.30，天津 28.42，武汉 36.23，杭州 34.27，宁波 20.76，重庆 77.20，苏州 97.16，南京 13.34，无锡 4.58，南通 37.39，镇江 25.90，上海 103.40，厦门 6.73，广州 64.39，深圳 20.33
水资源利用率 （%）	71.56	2016—2018 年全国分别为 18.6、21.01、21.90。2018 年成都 43.82，青岛 58.24，大连 65.92，北京 100，天津 100，武汉 100，杭州 22.20，宁波 30.20，重庆 14.70，苏州 100，南京 41.74，无锡 100，南通 83.42，镇江 100，上海 100，厦门 71.38，广州 86.66，深圳 69.84
农业用水比例 （%）	27.60	2016—2018 年全国分别为 63.28、62.32、61.39。2018 年成都 55.90，青岛 25.08，大连 35.20，北京 11.00，天津 35.20，武汉 24.80，杭州 24.70，宁波 34.63，重庆 32.80，苏州 12.43，南京 26.81，无锡 31.80，南通 53.06，镇江 37.30，上海 15.96，厦门 19.83，广州 17.01，深圳 3.33
工业用水比例 （%）	36.26	2016—2018 年全国分别为 20.97、21.13、21.65。2018 年成都 15.10，青岛 22.83，大连 26.30，北京 8.00，天津 19.10，武汉 41.20，杭州 40.00，宁波 29.63，重庆 39.20，苏州 78.50，南京 35.46，无锡 48.50，南通 29.05，镇江 61.00，上海 59.57，厦门 21.45，广州 54.03，深圳 23.84
生活用水比例 （%）	27.62	2016—2018 年全国分别为 13.60、13.87、14.29。2018 年成都 26.90，青岛 45.23，大连 28.30，北京 47.00，天津 26.10，武汉 32.80，杭州 35.30，宁波 34.63，重庆 26.50，苏州 9.07，南京 37.73，无锡 19.1，南通 8.16，镇江 5.90，上海 23.69，厦门 37.04，广州 16.28，深圳 37.36
水资源供给量模数 （$10^6 m^3/km^2$）	0.480	2016—2018 年全国分别为 0.062 7、0.062 8、0.062 4。2018 年成都 0.391，青岛 0.083，大连 0.129，北京 0.239，天津 0.237，武汉 0.423，杭州 0.200，宁波 0.220，重庆 0.090，苏州 1.122，南京 0.203，无锡 0.567，南通 0.438，镇江 0.321，上海 1.631，厦门 0.396，广州 0.866，深圳 1.108

（续）

指标层	目标值	指标值选取依据
地下水供水比例 （％）	7.96	2016—2018 年全国分别为 17.5、16.82、16.23。2018 年成都 3.20，青岛 25.83，大连 17.90，北京 41.00，天津 15.50，武汉 0.20，杭州 0.40，宁波 0.20，重庆 1.40，苏州 0.03，南京 0.00，无锡 0.00，南通 29.23，镇江 1.00，上海 0，厦门 6.62，广州 0.7，深圳 0.15
蓄水工程供水比例 （％）	15.00	2016—2018 年全国分别为 1.17、1.34、1.44。2018 年成都 0.30，青岛 25.16，大连 0.00，北京 4.00，天津 1.00，武汉 10.80，杭州 69.10，宁波 65.00，重庆 43.12，苏州 0.00，南京 0.00，无锡 0.00，南通 19.87，镇江 0.00，上海 0.00，厦门 19.64，广州 3.48，深圳 8.56
人口密度 （人/km²）	1 433.64	2016—2018 年全国分别为 143.52、144.29、143.52。2018 年成都 1 139，青岛 832，大连 473.36，北京 1 312，天津 1 303，武汉 1 293.13，杭州 446，宁波 643，重庆 379，苏州 813，南京 1 058，无锡 1 074，南通 856，镇江 816，上海 2 423.78，厦门 2 418.51，广州 2 004.20，深圳 6 521.55
人均 GDP （元/人）	132 994.21	2016—2018 年全国分别为 53 680.00、59 201.00、64 644.00。2018 年成都 94 782.00，青岛 128 459.00，大连 109 644.00，北京 153 095.00，天津 120 711.00，武汉 135 136.00，杭州 143 000.00，宁波 102 567.00，重庆 70 000.00，苏州 173 456.35，南京 151 968.90，无锡 178 984.64，南通 115 280.44，镇江 129 251.45，上海 134 982.00，厦门 116 579.32，广州 155 500.00，深圳 185 534.60
GDP 增长率 （％）	7.36	2016—2018 年全国分别为 7.88、10.29、9.19。2018 年成都 8.00，青岛 7.40，大连 6.50，北京 18.17，天津 1.40，武汉 8.00，杭州 7.20，宁波 7.00，重庆 6.00，苏州 6.80，南京 8.00，无锡 7.40，南通 8.95，镇江 0.99，上海 6.68，厦门 10.10，广州 6.20，深圳 7.60
万元 GDP 用水量 （m³/万元）	26.40	2016—2018 年全国分别为 81.00、73.00、66.80。2018 年成都 36.51，青岛 8.55，大连 21.00，北京 12.96，天津 15.10，武汉 24.00，杭州 24.00，宁波 19.60，重庆 38.00，苏州 52.24，南京 10.45，无锡 25.19，南通 44.37，镇江 63.95，上海 28.71，厦门 14.04，广州 28.20，深圳 8.41
第一产业比例 （％）	2.41	2016—2018 年全国分别为 8.13、7.57、7.20。2018 年成都 3.41，青岛 3.20，大连 5.77，北京 0.36，天津 0.91，武汉 2.45，杭州 2.27，宁波 2.85，重庆 6.70，苏州 1.15，南京 2.10，无锡 1.59，南通 4.70，镇江 1.71，上海 0.32，厦门 2.80，广州 1.03，深圳 0.09

（续）

指标层	目标值	指标值选取依据
第二产业比例 （%）	40.51	2016—2018 年全国分别为 40.07、40.54、40.64。2018 年成都 42.47，青岛 40.40，大连 42.27，北京 16.54，天津 40.45，武汉 42.95，杭州 33.84，宁波 51.26，重庆 41.00，苏州 48.03，南京 36.90，无锡 47.77，南通 46.80，镇江 48.48，上海 29.78，厦门 50.90，广州 27.95，深圳 41.43
第三产业比例 （%）	57.08	2016—2018 年全国分别为 51.80、51.89、52.16。2018 年成都 54.12，青岛 56.40，大连 51.96，北京 83.09，天津 58.62，武汉 54.60，杭州 63.90，宁波 45.90，重庆 52.00，苏州 50.81，南京 61.00，无锡 51.14，南通 48.40，镇江 49.81，上海 69.90，厦门 46.30，广州 71.02，深圳 58.48
城镇生活用水定额 （L/人·年）	166.27	2016—2018 年全国分别为 220.00、221.00、225.00。2018 年成都 160.00，青岛 120.00，大连 150.00，北京 180.00，天津 180.00，武汉 180.00，杭州 60.00，宁波 60.00，重庆 78.00，苏州 245.10，南京 239.50，无锡 215.70，南通 114.31，镇江 208.01，上海 282.60，厦门 159.00，广州 200.00，深圳 160.71
农村生活用水定额 （L/人·年）	119.18	2016—2018 年全国分别为 86.00、87.00、89.00。2018 年成都 140.00，青岛 100.00，大连 75.00，北京 180.00，天津 180.00，武汉 180.00，杭州 51.80，宁波 51.80，重庆 60.00，苏州 108.00，南京 115.00，无锡 94.00，南通 83.76，镇江 85.00，上海 188.41，厦门 154.00，广州 165.00，深圳 133.54
工业产值模数 （万元/km²）	11 645.27	2016—2018 年全国分别为 257.29、288.90、316.75。2018 年成都 3 950.99，青岛 3 663.42，大连 2 094.03，北京 11 707.65，天津 5 818.15，武汉 5 297.00，杭州 2 754.00，宁波 5 881.00，重庆 1 010.00，苏州 38 526.95，南京 6 156.26，无锡 35 609.64，南通 9 691.00，镇江 4 689.37，上海 13 714.43，厦门 9 840.19，广州 5 459.69，深圳 43 751.05
工业总产值占 GDP 比重（%）	75.18	2016—2018 年全国分别为 49.76、50.28、50.63。2018 年成都 70.52，青岛 49.11，大连 36，北京 51.25，天津 56.27，武汉 81，杭州 98，宁波 100，重庆 100，苏州 76.84，南京 96.8，无锡 69.86，南通 93.6，镇江 67.74，上海 100，厦门 90.6，广州 85.39，深圳 30.69
人均耕地面积 （hm²）	0.031 2	2016—2018 年全国分别为 0.098 6、0.097 0、0.096 6。2018 年成都 0.032 0，青岛 0.071 7，大连 0.069 7，北京 0.010 0，天津 0.023 0，武汉 0.017 0，杭州 0.030 7，宁波 0.030 0，重庆 0.070 0，苏州 0.020 3，南京 0.027 9，无锡 0.022 1，南通 0.057 0，镇江 0.057 0，上海 0.007 9，厦门 0.008 0，广州 0.005 8，深圳 0.000 5

（续）

指标层	目标值	指标值选取依据
耕地灌溉率（%）	75.18	2016—2018 年全国分别为 49.76、50.28、50.63。2018 年成都 70.52，青岛 49.11，大连 36，北京 51.25，天津 56.27，武汉 81，杭州 98，宁波 100，重庆 100，苏州 76.84，南京 96.8，无锡 69.86，南通 93.6，镇江 67.74，上海 100，厦门 90.6，广州 85.39，深圳 30.69
防洪效益（万元）	163 008.65	2016—2018 年全国分别为 9 655 334、10 577 690、11 447 904。2018 年成都 157 362.05，青岛 123 726.80，大连 78 651.28，北京 341 298.97，天津 137 055.38，武汉 153 064.95，杭州 138 555.90，宁波 110 778.35，重庆 221 423.59，苏州 191 726.49，南京 131 491.28，无锡 117 923.92，南通86 430.77，镇江 41 752.58，上海 369 351.79，厦门 49 395.88，广州 234 454.36，深圳 249 711.34
工业污染负荷（亿 t/年）	2.13	2016—2018 年全国分别为 186.40、181.60、178.80。2018 年成都 0.79，青岛 1.41，大连 3.68，北京 0.84，天津 1.77，武汉 1.19，杭州 2.36，宁波 1.57，重庆 2.08，苏州 3.97，南京 1.55，无锡 2.19，南通 1.34，镇江 0.55，上海 3.16，厦门 6.99，广州 1.40，深圳 1.58
农业污染负荷（亿 t/年）	1.01	2016—2018 年全国分别为 202.00、214.00、230.00。2018 年成都 0.56，青岛 1.02，大连 1.23，北京 0.62，天津 0.87，武汉 0.57，杭州 1.47，宁波 1.17，重庆 1.87，苏州 1.18，南京 0.75，无锡 1.02，南通 0.88，镇江 0.27，上海 1.12，厦门 1.62，广州 0.87，深圳 1.00
生活污水负荷（亿 t/年）	6.50	2016—2018 年全国分别为 571.00、600.00、634.00。2018 年成都 0.90，青岛 3.58，大连 1.74，北京 11.70，天津 2.97，武汉 0.68，杭州 5.08，宁波 6.48，重庆 18.69，苏州 6.51，南京 5.68，无锡 4.73，南通 3.95，镇江 1.85，上海 17.99，厦门 2.75，广州 14.14，深圳 7.62
污水处理率（%）	95.07	2016—2018 年全国分别为 93.40、94.54、94.80。2018 年成都 97.00，青岛 99.00，大连 96.30，北京 93.40，天津 93.80，武汉 92.80，杭州 95.50，宁波 92.80，重庆 93.12，苏州 95.10，南京 98.10，无锡 98.10，南通 83.24，镇江 93.80，上海 100.00，厦门 95.80，广州 96.40，深圳 97.00
污水回用率（%）	22.86	2016—2018 年全国分别为 9.43、14.49、15.30。2018 年成都 28.21，青岛 27.80，大连 21.84，北京 34.57，天津 23.08，武汉 18.32，杭州 31.04，宁波 4.73，重庆 8.31，苏州 37.5，南京 14.61，无锡 27.12，南通 16.89，镇江 21.72，上海 31.25，厦门 24.69，广州 21.44，深圳 18.32

（续）

指标层	目标值	指标值选取依据
生态环境用水率 （%）	4.93	2016—2018 年全国分别为 2.37、2.68、3.35。2018 年成都 2.10，青岛 6.86，大连 10.20，北京 34.00，天津 19.60，武汉 1.20，杭州 2.70，宁波 1.10，重庆 1.50，苏州 0.00，南京 0.00，无锡 0.60，南通 2.45，镇江 1.20，上海 0.77，厦门 4.41，广州 0.00，深圳 0.00

对于不同类别的指标数据，在进行评判时需要结合评价指标目标值将指标进行归一化处理，即统一被评判指标的数据单位。在归一化处理时，将影响因子分为正向或逆向 2 种（即越大越优和越小越优 2 种），结合评价指标目标值具体归一化过程将在下一章详细介绍。

4.6　本章小结

在 WREE 耦合协调发展评价指标体系构建目的、意义和原则基础上，依据指标体系指导思想，结合黄河中下游流域的特点和频度统计法初步构建综合评价指标体系，然后采用理论分析法和相关性分析法进行指标筛选，最终构建了黄河流域中下游 WREE 耦合协调发展评价指标体系，得到如下结论：

（1）在水资源、经济与生态评价指标体系指导思想的引导下，依据指标选取原则，利用频度统计法选出 134 个评价指标，初步构建黄河流域中下游 WREE 耦合协调发展评价指标体系。

（2）采用理论分析，再次筛选出 56 个评价指标，其中水资源子系统 18 个，经济发展子系统 19 个，生态环境子系统 19 个；再次采用相关性分析法，识别筛选了影响黄河流域耦合协调发展的关键因子，最终确定出 43 个评价指标，其中水资源子系统 14 个，经济发展子系统 16 个，生态环境子系统 13 个。

（3）确立了黄河流域中下游 WREE 耦合协调发展评价指标体系，并说明了研究数据来源。

（4）WREE 耦合协调发展指标目标值的确定明确了 WREE 耦合协调发展的最终目标。建立了一套 WREE 耦合协调发展指标目标值，为下一步的黄河流域中下游水资源、经济与生态耦合协调发展评价做准备。

5 黄河流域中下游WREE耦合协调发展现状评价

5.1 WREE 耦合协调发展评价方法

根据第 4 章构建的黄河流域中下游水资源-经济-生态耦合协调发展评价指标体系,分析内蒙古、陕西、山西、河南和山东 5 个省份 43 个地市 20 年的长系列资料,阐述水资源、经济社会和生态环境 3 个子系统 43 个指标的时空分布特征及其对 WREE 的影响,通过改进权重算法确定 43 个指标的权重值,将其与模糊算法相结合对黄河流域中下游的耦合发展协调度进行综合评判,评价结果对未来黄河流域 WREE 耦合协调发展具有一定的借鉴意义。

5.1.1 评价方法及标准

为了能够更好地评价黄河流域中下游水资源-经济-生态耦合协调发展状况,需要科学合理构建协调发展评价模型,目前常用的评价模型主要有 EKC计算模型、系统动力学模型、多目标决策模型和综合评价模型。各模型在评价经济、生态与环境协调发展的定量研究方面具有一定的优势,但都存在一定的优缺点,适用范围不尽相同。对黄河流域中下游 WREE 耦合协调发展现状进行评价,不仅要考虑单个水资源状况对整个区域的影响,更多的是综合考虑经济发展与生态环境的协同发展,并得出合理的水资源-经济-生态的匹配结果。这就需要根据某些限定的水资源构成因子或指标,对评价对象做一个涵盖多指标体系的综合评价,即水资源-经济-生态综合评价。本书采用改进的模糊算法进行评价,具体步骤如下[140]:

(1) 建立各指标的评判因素集

根据影响单个事件的影响因素,组成因素集 $U=\{u_1, u_2, u_3, \cdots, u_n\}$,这些因素集分别对应 5 个省份 43 个沿黄地区 1999—2018 年的水资源、经济社会与生态环境等 43 个指标,然后根据实际情况,确定这些类别各自的因素集。

（2）建立评判集

根据被评判的综合指标体系，建立合适的评判集。如果被评判的因素 v 有 v_1，v_2，v_3，$\cdots$，v_m 种评判（m 为有限值），则可确定评判集 $V=\{v_1$，v_2，v_3，$\cdots$，$v_m\}$，其中每种评判对应一个模糊子集[168]。

（3）单因素评判方式

在给定的评判集基础上建立 $U \rightarrow V$ 的模糊映射 f：

$$f:U \rightarrow F(V)$$

$$u_i \rightarrow \frac{r_{i1}}{v_1} + \frac{r_{i2}}{v_2} + \cdots + \frac{r_{ij}}{v_j} \tag{5.1}$$

式中，$i=1$，2，$\cdots$，n；$j=1$，2，$\cdots$，m；$0 \leqslant r_{ij} \leqslant 1$，$r_{ij}$ 表示某个被评判因素 u_i 对评判 v_j 的隶属度。

模糊矩阵 $\boldsymbol{R}$ 为单因素评判矩阵，如下：

$$\boldsymbol{R} = \begin{bmatrix} r_{11} & r_{12} & \cdots & r_{1m} \\ r_{21} & r_{22} & \cdots & r_{2m} \\ \vdots & \vdots & \vdots & \vdots \\ r_{n1} & r_{n1} & \cdots & r_{nn} \end{bmatrix} \tag{5.2}$$

对于不同类别的数据，在进行评判时需要进行标准化处理，即统一被评判指标的数据单位。标准化处理时，将影响因子分为正向或逆向 2 种，即越大或越小越优越方式[140]，见 3.2.3 小节。

（4）改进后的模糊综合评判模型

本书采用改进的模糊综合评判模型（·，＋），采用合成算子得到综合评判：

$$D = Q_i \cdot R = (c_{i1}, c_{i2}, \cdots, c_{in}) \cdot \begin{bmatrix} r_{11} & r_{12} & \cdots & r_{1m} \\ r_{21} & r_{22} & \cdots & r_{2m} \\ \vdots & \vdots & \vdots & \vdots \\ r_{n1} & r_{n2} & \cdots & r_{nn} \end{bmatrix} = (d_1, d_2, \cdots, d_n) \tag{5.3}$$

式中，D 是模糊评判指数；Q_i 为各指标的权重；R 为模糊矩阵。

前文第 3 章 3.2.3 节建立了水资源-经济-生态耦合协调发展度评价标准，分为"高质量协调发展""较高质量协调发展""协调发展""轻度失调发展""中度失调发展"和"严重失调发展"6 个等级，具体分级情况如表 3-2 所示。

5.1.2 各指标权重的确定

多数情况下，被评价的多个集合中，如 u_1，u_2，u_3，$\cdots$，u_n，其排名并不是相同的，不同类别的因子对总体的影响也是各不相同的，在这种情况下，就需要确定每个因子对总体的影响程度，即权重的确定。为了充分考虑不同因子之间的关联性，以及综合因子对最终结果的影响程度，本书拟采用组合权重方法计算黄河流域 5 个省份 20 年的水资源-经济-生态 43 个指标的权重值，通过定性分析与数学方法相结合的形式，使最终结果具有较强的可信度。

（1）层次分析法确定权重

层次分析法主要以定性和定量因素组合的多准则决策方法，在结合专家打分的基础上，确定两两指标之间的耦合因素并筛选出相对重要的指标。分为以下几个步骤：

①构造判断矩阵。邀请水文水资源、生态环境及经济发展等方面的专家进行打分，采用层次分析法对分类层指标进行两两比较，按各指标的重要度进行排序，构造模糊算法的判断矩阵 $\boldsymbol{A}=(a_{ij})_{n\times m}$。

②计算权向量及特征值。根据判断矩阵 $\boldsymbol{A}=(a_{ij})_{n\times m}$，确定权向量 $W=(f_1, f_2, f_3, \cdots, f_n)$ 和特征值 λ_1：

$$W_i = \frac{1}{n}\sum_{j=1}^{n}\frac{a_{ij}}{\sum_{k=1}^{n}a_{kj}}, i=1,2,\cdots,n \tag{5.4}$$

$$\lambda_1 = \frac{1}{n}\sum_{i=1}^{n}\frac{\sum_{j=1}^{n}a_{ij}w_j}{w_i} \tag{5.5}$$

③进行一致性检验。由于涉及 43 个指标，为了使判断矩阵保持一致，需进行进一步检验。一致性指标 $CI=\frac{\lambda_{\max}-n}{n-1}$，随机一致性指标 RI 查表为 1.692，一致性比率 $CR=\frac{CI}{RI}$，当 $CR<0.1$ 时，说明矩阵满足一致性要求。当 $n\leqslant 2$ 时，无需进行检验。

根据所构建指标体系各指标的重要程度，结合黄河中下游河流生态环境情况，构建分类层和指标层判断矩阵，以此为基础计算各个指标权重，并进行检验，各指标总权重计算公式为：

$$C_i^* = \sum_{i}^{k}B_{i(k)}C_{i(k)} \tag{5.6}$$

式中，$B_{i(k)}$ 为分类层的单权重；$C_{i(k)}$ 为各评价指标的单权重。当某一指标 $C_{i(k)}$ 与分类层无关时，C_i^* 为 0。

结合构造的判断矩阵和计算公式，计算出指标体系中分类层和指标层各指标的权重值，并利用公式（5.6）计算出各指标的总权重值。同时为了验证各指标权重值是否合理，需对分类层权重值、指标层权重值和各指标总权重值进行一致性检验，得到的一致性比率都满足 $CR<0.1$，无论是分类层权重值以及总权重值均能通过一致性检验，其权重值是合理的。

（2）熵权法确定权重

利用熵权法确定权重主要是利用各指标的效用值来计算权重的大小，一般而言，效用值越高，则结果对评价的重要性也就越大。熵权法的具体计算步骤如下：

①构造判断矩阵，使得该矩阵有 n 个样本、m 个评价指标；

②将判断矩阵归一化处理，并得到归一化判断矩阵 A，表达式为 $R=(X_{ji})_{n*m}$；

③根据熵的定义，得到各指标的熵，即：

$$H_i = -\frac{1}{\ln n}\Big[\sum_{i=1}^{n} f_{ij}\ln f_{ij}\Big] \tag{5.7}$$

式中，$f_{ij} = r_{ij}/\sum_{j=1}^{n} r_{ij}$，当 f_{ij} 为 0 时，令 $f_{ij}\ln f_{ij}=0$。

④利用熵值计算评价指标的熵权。

$$w_i = \frac{1-H_i}{m-\sum_{i=1}^{m} H_i} \tag{5.8}$$

式中，$0\leqslant w_i\leqslant 1$，$\sum_{i=1}^{m} w_i = 1$。

（3）组合权重法确定最终权重

由层次分析法得到的权重 C_i 记为主观权重，由熵权法得到的权重 w_i 记为客观权重，将 C_i 和 w_i 进行线性组合，得到最终的权重值，记为 Q_i。其中 $Q_i=a^* C_i+b^* w_i$，a 和 b 分别表示主观权重和客观权重的相对重要程度，满足 $0\leqslant a\leqslant 1$，$0\leqslant b\leqslant 1$，且 $a+b=1$。无论是采用主观法，还是采用客观法都无法满足实际情况的需求，但是通过结合专家评分的主观赋权值，往往能够使结果更接近现实情况，因此，在利用组合权重法计算最终权重时，赋予主观权重的因子更大一些，客观权重的值相对小一些，本书取 $a=0.6$，$b=0.4$。因此，得到组合权重的计算公式为 $Q_i=0.6C_i+0.4w_i$，各指标最终权重值如表 5-1 所示。

表 5-1　各指标最终权重值

指标 1	指标 2	指标 3	指标 4	指标 5	指标 6	指标 7	指标 8
0.029 1	0.027 2	0.030 3	0.010 5	0.030 6	0.034 4	0.026 1	0.029 3

指标 9	指标 10	指标 11	指标 12	指标 13	指标 14	指标 15	指标 16
0.029 3	0.024 3	0.026 7	0.020 8	0.020 8	0.020 8	0.017 2	0.034 2

（续）

指标 17	指标 18	指标 19	指标 20	指标 21	指标 22	指标 23	指标 24
0.018 5	0.030 4	0.010 7	0.021 1	0.021 1	0.021 1	0.015 7	0.015 7
指标 25	指标 26	指标 27	指标 28	指标 29	指标 30	指标 31	指标 32
0.031 8	0.027 2	0.016 5	0.017 6	0.019 1	0.021 2	0.024 3	0.030 4
指标 33	指标 34	指标 35	指标 36	指标 37	指标 38	指标 39	指标 40
0.021 7	0.021 7	0.030 5	0.020 3	0.032 5	0.011 4	0.018 7	0.031 1
指标 41	指标 42	指标 43					
0.021 8	0.020 4	0.015 9					

5.2 水资源、经济、生态概况分析

5.2.1 水资源概况

图 5-1 为 1999—2018 年内蒙古中游、陕西、山西、河南和山东沿黄地区水资源分布状况。可以看出，5 个省份沿黄地区的多年平均降水量在 131～687mm，其中，陕西的相对较高，达到了 680mm 以上，而内蒙古的年降水量相对较低，仅为 131mm，但年蒸发量较高，超过了 2 900mm，这主要与内蒙古的气候特点（干燥少雨）有关。5 个省份流域水资源总量均值在 103～505 亿 m³，水资源使用量在 64.7 亿～220.8 亿 m³，其中，山西的水资源总量和使用量均最小，分别为 103.37 亿 m³ 和 64.7 亿 m³，一是山西位于黄河流域中游，黄河流域水资源量占 62%，由于 20 世纪 80 年代以来，降水量明显减少，尤其是连续干旱年时有出现导致水资源量偏低；二是由于利用的地下水主要是岩溶水，岩溶区地下水的大规模开采，使得有限的水资源无法承受无节制的过量开采，导致地下水袭夺地面径流量。

从人均水资源量和总用水量来看，陕西的人均水资源量最高，达到了 1 120m³ 以上，主要是安康市属于水资源较多的城市，人均水资源量占到了 3 700m³ 以上，而河南、山东和山西的相对较小，人均水资源量在 280m³ 左右变化。虽然陕西人均水资源量相对较高，但只有全国水平的 1/2，而河南、山东和山西都属于严重缺水省份，相当于全国平均水平的 1/6 至 1/5。5 个省份的总用水量在 6 亿～17 亿 m³，其中用水量最多的主要以农业为主。从三产用水比重也可以看出，农业用水最多，5 个省份的农业用水量占到了 45%～82%，其中内蒙古的最高，而山西的较少，可见，未来农业节水仍是水资源节

约利用的主要方向。其次，工业用水高于生活用水（除陕西以外），这与我国近几年工业发展较快有关，工业与农业用水竞争将是未来水资源优化配置的关键问题之一。随着黄河流域经济带的快速发展，以及工业节水技术的进步，水资源利用效率逐年提高，河南、山东和山西的水资源利用效率将会得到进一步改善。

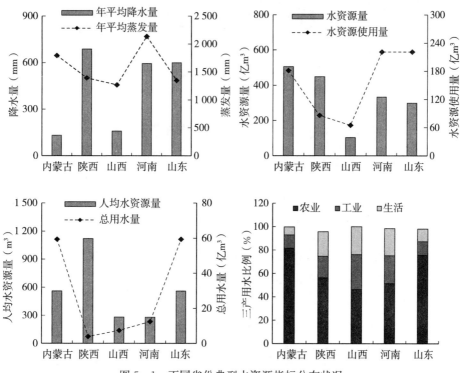

图 5-1　不同省份典型水资源指标分布状况

5.2.2　经济发展概况

图 5-2 为沿黄流域不同省份平均人口密度和人均 GDP 随时间的变化过程，可以看出，5 个省份的人口密度基本保持在一个相对稳定的区间，仅有小幅度增加，内蒙古、陕西、山西、河南和山东从 1999 年的 98.0 人/km²、319.7 人/km²、803.9 人/km²、604.8 人/km² 和 592.2 人/km² 增加到 2018 年的 119.3 人/km²、415.6 人/km²、944.5 人/km²、690.7 人/km² 和 630.1 人/km²，增长幅度分别为 21.7%、30.0%、17.5%、14.2% 和 6.4%，陕西省的人口密度增加最快，主要与陕西省的经济发展有关，尤其是近几年出现了大量人口从中西部向东部迁移的现象。从人均 GDP 的分布情况来看，内蒙古的人均 GDP 最高，达到了 12 万元/人，主要由于内蒙古人口密度小，企业集

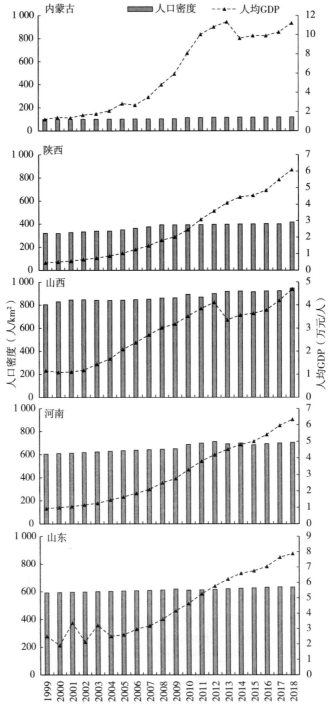

图 5-2 不同省份平均人口密度与人均 GDP 年际变化示意图

中，尤其是呼和浩特市，人均 GDP 在 28 万元左右，呼和浩特市总共 23 万人，诸多大型企业的生产能力导致较高的 GDP，2018 年呼和浩特市的人均 GDP 全国排名第二。从人均 GDP 增长率来看，各省份表现为陕西（92.6%）＞内蒙古（89.2%）＞河南（85.4%）＞山西（75.3%）＞山东（68.4%）。

万元 GDP 用水量，作为节水型社会的核心指标之一，直观反映了节水政策的执行效果是否切实体现于经济社会的发展当中。图 5-3 为沿黄地区不同省份平均万元 GDP 用水量随时间的变化过程，从 1999 年到 2018 年，各省份的万元 GDP 用水量呈逐年下降趋势，说明随着经济技术的发展，节水政策效果明显。其中，河南省表现最为明显，万元 GDP 用水量从 1999 年的 450.9m³/万元下降到 2018 年的 50.8m³/万元，全国国民经济和社会发展统计公报显示，2018 年全国万元 GDP 用水量为 66.8m³/万元，河南省黄河流域万元 GDP 用水量低于全国水平 16 个百分点，说明河南省黄河流域用水效益相对较好。

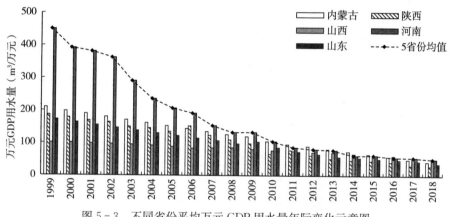

图 5-3　不同省份平均万元 GDP 用水量年际变化示意图

三产比重分布与地区经济发展密切相关，图 5-4 给出了不同省份三产比重的多年平均分布情况。可以看出，1999—2018 年，除内蒙古以外，各省份以制造业为主的第二产业占比较大，平均在 50% 以上，其次是以服务业为主的第三产业，比重在 30% 以上，而内蒙古主要以农牧业为主，占到 47.7%。就 1999—2018 年平均产业分布来看，内蒙古、陕西、山西、河南和山东的三产比重分别为 47.1：37.8：15.0、10.1：54.9：34.9、11.7：50.8：37.5、11.2：56.5：32.3 和 11.6：52.0：36.5。

5.2.3　生态环境概况

图 5-5 为不同省份沿黄地区三产污染物排放量（主要是化学需氧量、氨

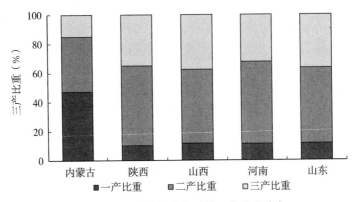

图 5-4 不同省份多年平均三产比重分布

氮、二氧化硫、氮氧化物和废水等），可以看出，各省份的总污染物排放量在 8 600 万～30 209 万 t/年。除内蒙古和山东地区农业排放量较高以外，其他省份以工业污染物排放为主。如河南、山西和陕西的工业污染物排放量在 3 440 万～9 375.6 万 m³/年，占总排放量的 51.4%、54.4% 和 40.3%，农业污染物排放量在 1 260.7 万～3 431.8 万 m³/年，占总排放量的 8.8%、19.9% 和 25.2%。内蒙古主要以农业为主，污染物排放量占到了 38.4%，山东省工业、农业和生活污染物排放量的比重为 1 : 1.49 : 1.06。可见，内蒙古和山东省应重点在农业方面加强截污减排，减少污染物的排放量，各省份应在发展经济的同时合理控制工业污染物的排放量。

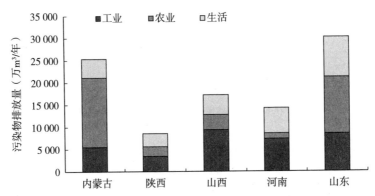

图 5-5 不同省份多年平均工业、农业和生活污染物排放量

从污水处理率和回用率来看，各省份的污水处理率和回用率呈逐年升高趋势，各省份的多年平均污水处理率在 50% 以上，其中，河南、山东、山西和陕西的处理率呈稳步增长趋势，2018 年达到了 85% 以上（图 5-6），而内蒙古的污水处理率较低，但增长幅度较大，从 1999 年的 30.7% 提高到 2018 年

的 72.9%，说明内蒙古在污水处理方面的政策起到了明显的效果。山西省的污水回用率相比其他省份，增长幅度不大，从 1999 年的 14.6% 增长到 2018 年的 28.2%，而其他省份从 1999 年到 2018 年的增幅均在 50% 以上，其中，河南省的增长幅度最高，为 66.6%。研究表明，缓解水源压力，减少水体污染的有效途径之一就是提高城市污水回用率。

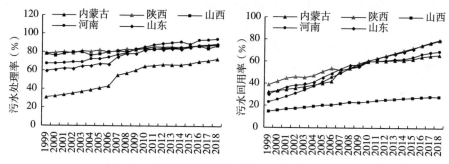

图 5-6　不同省份污水处理率和回用率年际变化

近几年，5 个省份的植被覆盖率呈逐年增加趋势，内蒙古、陕西、山西、河南和山东从 1999 年的 21.8%、25.8%、21.5%、26.1% 和 21.8% 增加到 2018 年的 47.7%、45.5%、34.9%、35.7% 和 43.2%，（图 5-7），说明近几年国家对植树造林的投入加大，提高了植被的覆盖率，在生态保护等方面取得了一定成就，同时在水资源集约化利用方面和科学规划方面取得了一系列成绩。但与全国植被覆盖率（37.3%）相比，河南和山西省的植被覆盖率相差 2~3 个百分点。从生态环境用水率也可以看出，不同省份生态环境用水率也逐年增高，其中，2018 年河南和陕西省的生态环境用水率超过 10%，从增幅来看，20 年增幅依次为陕西（84.7%）＞山东（70.4%）＞内蒙古（70.3%）＞河南（58.5%）＞山西（51.5%）。在生态环境用水中也需要考虑到植物生态系统的用水，提高生态环境用水率。

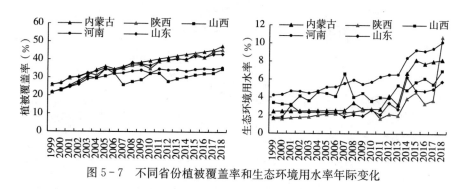

图 5-7　不同省份植被覆盖率和生态环境用水率年际变化

5.3 黄河流域中下游水资源、经济和生态时空分布规律

5.3.1 水资源时空分布规律

水资源模数、水资源利用率和水资源供给量模数被用来作为一个地区水资源状况的代表指标,并分析不同省份沿黄地区各指标的年际变化。水资源模数代表了单位流域面积上的多年平均水资源量,可较好地反映一个地区水资源的存储和开采能力;水资源利用率反映的是流域或区域用水量占水资源总量的比值,在区域耗水用水方面具有重要的参考价值;水资源供给量模数则反映的是该区域或流域水资源供给量与土地面积的比值,可以较好地反映黄河流域地下水、蓄水工程和跨流域调水对水资源的补给效果。因此,选用这 3 个指标分析不同地区的水资源状况具有一定的现实意义[169]。不同省份各指标的年际变化如图 5-8 所示。

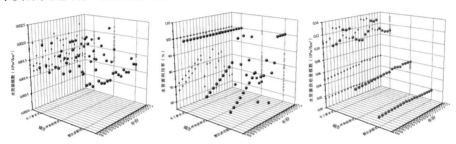

内蒙古(呼和浩特市、乌兰察布市、鄂尔多斯市)

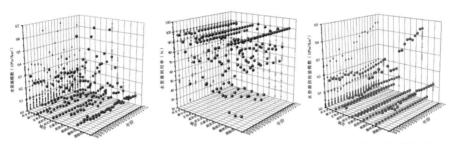

陕西(西安市、铜川市、宝鸡市、咸阳市、延安市、安康市、商洛市、杨凌区、榆林市、渭南市)

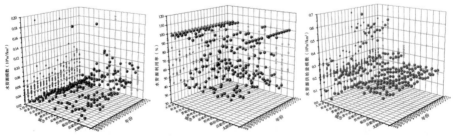

山西(大同市、阳泉市、长治市、晋城市、朔州市、晋中市、运城市、忻州市、临汾市、吕梁市、太原市)

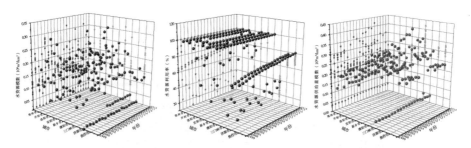

河南（郑州市、开封市、洛阳市、安阳市、新乡市、濮阳市、三门峡市、济源市、焦作市）

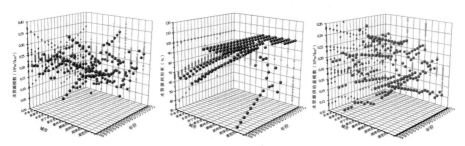

山东（济南市、淄博市、东营市、济宁市、泰安市、德州市、聊城市、滨州市、菏泽市、莱芜市）

图 5-8　不同省份水资源模数、水资源利用率和水资源供给量模数年际变化

　　从水资源模数年际变化可以看出，内蒙古的呼和浩特市、乌兰察布市、鄂尔多斯市 20 年间水资源模数变化不大，在 $0.14\times10^4\sim0.15\times10^4\,\mathrm{m^3/km^2}$，说明 20 年间水资源消耗与补给无明显差异。从陕西省的水资源模数来看，安康市的水资源模数最大，20 年平均为 $0.43\times10^6\,\mathrm{m^3/km^2}$，2005 年、2011 年和 2017 年有显著增加，这主要是由于降水量增多对该地区的水资源补给量较大。山西省的水资源模数年际变化很小，20 年间各地区水资源模数在 $0.02\times10^6\sim$ $0.19\times10^6\,\mathrm{m^3/km^2}$，从 1999 年到 2018 年变化幅度只有 $0.01\times10^6\,\mathrm{m^3/km^2}$，其中运城市水资源模数在 2003 年和 2011 年表现出一定幅度的增加，这与运城市增加跨流域调水比例有关，跨流域调水使水资源量增加了 18.2% 左右。河南省三门峡市的水资源模数最大，多年平均值 $0.09\times10^6\,\mathrm{m^3/km^2}$，而济源市的水资源模数最小，仅为 $0.01\times10^6\,\mathrm{m^3/km^2}$。山东省 10 个城市的水资源模数同样差异不大，平均值在 $0.14\times10^6\sim0.24\times10^6\,\mathrm{m^3/km^2}$，聊城市从 1999 年的 $0.37\times10^6\,\mathrm{m^3/km^2}$ 减少到 2018 年的 $0.11\times10^6\,\mathrm{m^3/km^2}$，相反，德州市从 1999 年的 $0.10\times10^6\,\mathrm{m^3/km^2}$ 增加到 2018 年的 $0.33\times10^6\,\mathrm{m^3/km^2}$，这可能与区域供水有关，如德州市的供水从跨流域供水和地下水开采，转向蓄水工程供水后，水资源模数提高了 40% 以上。

　　从水资源利用率来看，内蒙古的 3 个城市水资源利用率超过了 100%，说明这些城市开采和使用现有水资源量超过了当地水资源承载力，导致可利用的水资源量无法满足地区需求，应予以重视。类似的还有河南省的郑州市、安阳市和濮阳市多年水资源利用率同样超过了100%，三门峡市水资源利用率相对较低，平均在30.5%左右，这是由于该地区水资源量较为丰富，人口密度小，年均降水量较大，农田几乎不用灌溉，所消耗的水资源量较小，因此水资源利用率较低。陕西省除西安市和咸阳市水资源利用率接近100%外，其他城市的水资源利用率变化幅度均较大，如榆林市和杨凌区，2003年、2010年和2011年水资源利用率均有大幅度下降趋势，下降幅度达到了20%～25%，这与该地区新建的引水供水工程有关，如跨流域调水工程和蓄水工程比例增加等。山西省长治市水资源利用率较小，平均在40%左右，且年际变化不大，而大同市从1999年至2018年水资源利用率始终保持在100%，说明长治市的水资源量较为丰富，而大同市属于水资源严重短缺城市，因此水资源供给不足影响了当地经济的发展。山东省的东营市、济南市、济宁市和淄博市，水资源利用率从1999年的65%左右增加到2018年的80%左右，而莱芜市的水资源利用率从1999年的38%左右增加到2018年的100%左右，说明这几个城市在这20年间对水资源的需求较大，经济运行所需要的水资源量较多。

水资源供给量模数年际变化显示，内蒙古的水资源供给量模数年际差异不大，但总量表现为鄂尔多斯市＞呼和浩特市＞巴彦淖尔市。陕西省的杨凌区水资源供给量模数远高于其他地区，均值在$0.34 \times 10^6 \, \mathrm{m^3/km^2}$左右，年际变化也比较大，从1999年的$0.25 \times 10^6$到2018年的$0.45 \times 10^6 \, \mathrm{m^3/km^2}$。从水资源供给量模数的均值来看，西安市和咸阳市分别排在第二和第三位，但年际间变化不大，其他地区几乎无明显变化，年际间的变化幅度在0.6%～1.1%。山西省的阳泉市和大同市在2008年以前变化不大，从2009年出现大幅度增加，其中阳泉市增加了85.3%，大同市增加了60.1%，说明阳泉市和大同市从2009年开始在蓄水工程供水和跨流域调水方面发挥了积极作用。河南省三门峡市的水资源供给量模数较低，且年际变化不大，在0.03×10^6～$0.05 \times 10^6 \, \mathrm{m^3/km^2}$，这是因为三门峡水资源量较大，供水比重较低。濮阳市的平均水资源供给量模数高于其他城市，在0.27×10^6～$0.44 \times 10^6 \, \mathrm{m^3/km^2}$，2018年达到了$0.44 \times 10^6 \, \mathrm{m^3/km^2}$，说明濮阳市的水资源量较为短缺。山东省沿黄地区的水资源供给量模数年际变化较小，淄博市的水资源供给量模数总量最高，而东营市的最低，变化幅度最大的为济宁市（7.1%）。

5.3.2　经济发展时空分布规律

选择人均GDP、万元GDP用水量和工业产值模数作为经济社会发展的代表性指标，分析了不同省份沿黄地区经济社会发展的年际变化。人均

GDP 常作为发展经济学中衡量经济发展状况的指标，是最重要的宏观经济指标之一；万元 GDP 用水量是一万元国民生产总值所消耗水资源的吨位，万元 GDP 用水量越高，说明该区域经济增长耗水量越大，与技术水平、产业结构、发展水平没有直接关系，能从侧面反映出能源消耗量的大小；工业产值模数是一个地区的工业总产值与该地土地面积的比值，工业产值模数越高，说明该地区经济发展也就越快。因此，选用这 3 个指标分析不同地区经济社会发展状况具有一定的现实意义[169]。不同省份各指标的年际变化如图 5-9 所示。

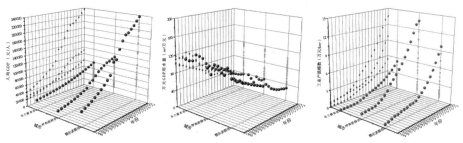

内蒙古（呼和浩特市、乌兰察布市、鄂尔多斯市）

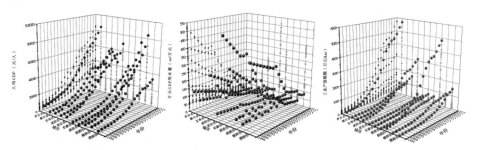

陕西（西安市、铜川市、宝鸡市、咸阳市、延安市、安康市、商洛市、
杨凌区、榆林市、渭南市）

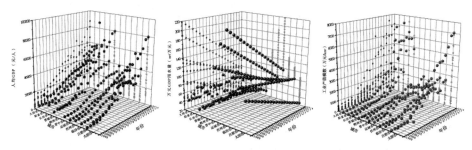

山西（大同市、阳泉市、长治市、晋城市、朔州市、晋中市、运城市、
忻州市、临汾市、吕梁市、太原市）

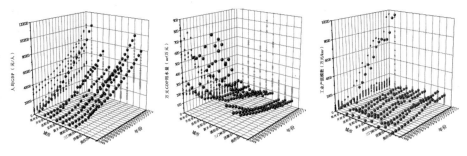

河南（郑州市、开封市、洛阳市、安阳市、新乡市、濮阳市、三门峡市、济源市、焦作市）

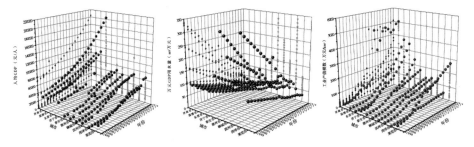

山东（济南市、淄博市、东营市、济宁市、泰安市、德州市、聊城市、滨州市、菏泽市、莱芜市）

图 5-9　不同省份人均 GDP、万元 GDP 用水量和工业产值模数年际变化

从人均 GDP 年际变化来看，呼和浩特市的人均 GDP 从 2007 年开始迅速增长，最大增幅为 91.9%，主要与当地引进企业有关；2018 年数据显示，呼和浩特市的人均 GDP 全国排名第二。陕西省的人均 GDP 平均增幅在 90% 以上，其中安康市、商洛市、杨凌区和榆林市增幅超过 94%。山西省的人均 GDP 从 1999 年的平均 0.71 万元/人提高到 2018 年的 5.38 万元/人，其中，吕梁市的人均 GDP 增长最快，达到了 94% 以上。河南省沿黄地区呈稳步增长趋势，从 1999 年到 2018 年平均增长了 84.3%，其中郑州市的增长幅度最大，达到了 92.5%，济源市和焦作市增幅最小，在 65% 左右，但多年平均人均 GDP 水平较高，在 4.8 万～6.0 万元/人。山东省人均 GDP 同样呈稳步上升趋势，其中东营市的人均 GDP 最高，从 1999 年的 0.67 万元/人提高到 2018 年的 6.74 万元/人，一方面与东营市人口密度小有关，另一方面说明东营市在引入实体经济方面出台了优惠政策。

各省份的万元 GDP 用水量差异较大，内蒙古呼和浩特市的万元 GDP 用水量降幅最大，从 1999 年的 434.5m³/万元降到 2018 年的 84.3m³/万元，主要与呼和浩特市的人均 GDP 近几年增长比较快有关，增幅达到 90% 以上。陕西省除安康市、商洛市和咸阳市外，其他地区的万元 GDP 用水量呈平稳下降趋势，安康市的万元 GDP 用水量下降幅度最大，从 1999 年的 514.7m³/万元左右降到 2018 年的 12.3m³/万元，下降幅度达到 97.6%，主要与安康市水资源丰富，人均 GDP 增长快有关。2018 年陕西省沿黄地区平均万元 GDP 用水量为 29.7m³/万元，占全国万元 GDP 用水量（66.8m³/万元）的 44.5%。山西省忻州市和运城市万元 GDP 用水量下降幅度最大，从 1999 年的 218.3m³/万元和 188.6m³/万元左右降到 2018 年的 95.4m³/万元和 75.4m³/万元，下降幅度分别为 56.3% 和 60.0%，2018 年山西省沿黄地区平均万元 GDP 用水量为 52.6m³/万元，占全国万元 GDP 用水量的 78.7%。河南省的新乡市、濮阳市、开封市和安阳市从 1999 年的 700m³/万元左右降到 2018 年的 70m³/万元左右，平均降幅达到 90%，但仍高于全国万元 GDP 用水量，表明这些城市经济转型之后对当地水资源的优化利用起到了积极作用，但仍需改善。山东省各地区的万元 GDP 用水量呈平稳下降趋势，其中菏泽市和德州市的下降幅度相对较大，从 1999 年的 330m³/万元左右降到 2018 年的 55m³/万元，下降幅度达到 83.3%，2018 年整个山东省沿黄地区的万元 GDP 用水量下降到 37.3m³/万元，占全国万元 GDP 用水量的 55.8%。

各省不同地区之间工业产值模数差异较大，如内蒙古的 3 个城市工业产值模数增长速度较快，但增长率相差不大，从 1999 年的 0.36 万元/km² 左右增加到 2018 年的 4.36 万元/km² 左右，平均增长了 91.7%，内蒙古 3 个城市工业产值模数较小的原因是面积大、工业园区较少。陕西省的工业产值模数呈平稳增长趋势，增长较快的城市分别为西安市、杨凌区和咸阳市，从 1999 年到 2018 年工业产值模数增长率在 95% 以上。山西省的晋城市、长治市、大同市和太原市工业产值模数增长幅度较大，从 1999 年的 200 万元/km² 左右增长到 2018 年的 3 342 万元/km² 左右，平均增长了 94.0%，说明山西省近几年受宏观经济调整的影响，工业产值相对较高，并能够在平稳中较快增长。河南省郑州市工业产值模数从 2004 年（496.4 万元/km²）开始出现了急剧增长趋势，到 2018 年达到了 9 517.2 万元/km²，而河南省的其他城市均呈稳步增长趋势，从 1999 年的 298.8 万元/km² 左右增长到 2018 年的 825.2 万元/km² 左右，平均增长了 26.2%，这主要与郑州市建设国家中心城市有关。山东省各地区的工业产值模数增长幅度在 2010 年之前不大，从 2010 年后开始呈明显上升趋势，平均增长率在 50% 以上，其中济南市的工业产值模数增长幅度最大，20 年增长了 93.4%，原因是 2010 年以后济南市工业结构优化提升，创新驱动作用增强，并随着创建国家创新型城市试点工作的开展，给济南市的工业产值带来了较大增长。

5.3.3　生态环境时空分布规律

氨氮环境承载力、植被覆盖率和生态环境用水率被用来评价生态环境的优劣，氨氮环境承载力作为环境承载力的一项重要评价指标，反映了一段时间内大气的污染物排放量，是某一区域环境对人类社会、社会经济活动支持能力的限度。植被覆盖率是反映森林资源、草地资源和绿化水平的重要指标，在一定程度上可以反映出某地区在一段时间内的水土流失强度和生态环境用水率等变化。生态环境用水量是生态环境修复与建设或维持现在生态环境质量不至于下降所需要的最小需水量，其中生态环境用水率的大小可以间接反映出某一地区环境改善的程度。因此，选用这 3 个指标分析不同地区生态环境变化具有一定的现实意义[150]。不同省份 3 个生态环境指标的年际变化如图 5-10 所示。

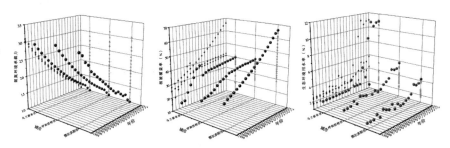

内蒙古（呼和浩特市、乌兰察布市、鄂尔多斯市）

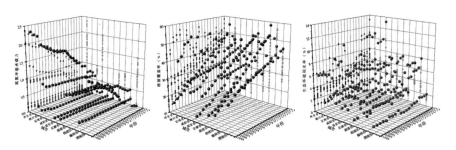

陕西（西安市、铜川市、宝鸡市、咸阳市、延安市、
安康市、商洛市、杨凌区、榆林市、渭南市）

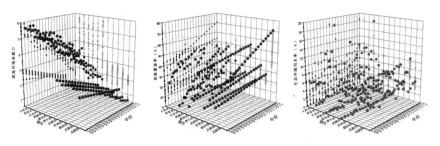

山西（大同市、阳泉市、长治市、晋城市、朔州市、晋中市、
运城市、忻州市、临汾市、吕梁市、太原市）

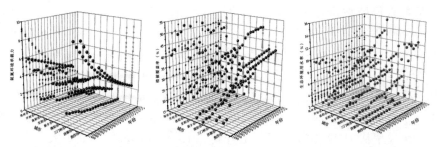

河南（郑州市、开封市、洛阳市、安阳市、新乡市、濮阳市、三门峡市、济源市、焦作市）

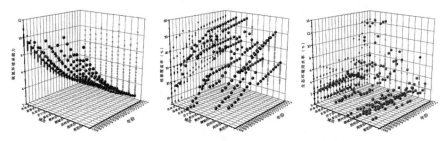

山东（济南市、淄博市、东营市、济宁市、泰安市、德州市、
聊城市、滨州市、菏泽市、莱芜市）

图 5-10 不同省份水资源模数、水资源利用率和水资源供给量模数年际变化

内蒙古和山东各地区的氨氮环境承载力下降幅度较平稳，内蒙古从 1999 年的 2.98 下降到 2018 年的 0.98，平均下降幅度在 67.1% 左右，山东省从 1999 年的 9.65 下降到 2018 年的 2.43，平均下降幅度在 74.8% 左右。山东省环境公报数据显示，2018 年，山东省化学需氧量（COD）排放总量比 2015 年下降 8.58%，较 2015 年重点工程减排 15.04 万 t；氨氮排放总量比 2015 年下降 9.43%，较 2015 年重点工程减排 1.57 万 t；二氧化硫（SO_2）排放总量比 2015 年下降 22.8%，较 2015 年重点工程减排 30.4 万 t；氮氧化物（NOx）排放总量比 2015 年下降 18.0%，较 2015 年重点工程减排 26.6 万 t。可以看出，随着经济的发展，山东省对环境改善的投入也越来越大，对生态保护的重视程度也越来越高。陕西省的西安市和咸阳市氨氮排放量从 1999 年到 2012 年有轻微增长趋势，说明这几年经济的发展对环境造成了一定的影响，之后迅速降低，杨凌区从 2011 年也表现出较大的下降幅度，其他城市基本呈稳定变化趋势。山西省太原市、忻州市、运城市和临汾市的氨氮环境承载力下降幅度以及氨氮排放量均低于其他城市，其中阳泉市的氨氮排放量下降幅度相对较高，从 1999 年的 5.96 下降到 2018 年的 2.93。河南省各地区氨氮环境承载力总体上呈下降趋势，从 1999 年的 3.85 下降到 2018 年的 1.38，平均下降幅度达到 64.2%，其中郑州市、济源市和焦作市下降幅度较大，分别为 76.8%、74.8% 和 74.2%。

从各省份植被覆盖率来看,内蒙古3个地区的植被覆盖率从1999年的21.7%上升到2018年的47.7%,比全国平均水平(37.3%)高10个百分点,说明内蒙古近几年更加注重植树造林及植被保护。陕西省平均植被覆盖率从1999年的25.8%上升到2018年的45.5%,其中西安市、安康市和杨凌区2018年的植被覆盖率超过50%,这与当地水资源丰富有关,如安康市2018年的平均水资源量超过$0.6×10^6 m^3/km^2$,因此植被覆盖率也比较高。山西省平均植被覆盖率从1999年的21.5%上升到2018年的34.9%,其中太原市和运城市2018年的植被覆盖率分别达到70.7%和53.2%,均高于全国平均水平。河南省各地区植被覆盖率呈上升趋势,其中2018年郑州市、三门峡市和洛阳市的植被覆盖率较高,达到45.4%左右,河南省2018年平均植被覆盖率为35.7%,低于全国平均水平2个百分点。山东省各地区植被覆盖率呈平稳上升趋势,其中,东营市的植被覆盖率上升幅度最大,从1999年的6.1%上升到2018年的40.0%,2018年淄博市和济宁市的植被覆盖率较大,达到55%以上,高于全国平均水平的18个百分点。

2018年,全国生态环境用水量达到200.9亿m^3,占总用水量的3.3%。生态环境用水率与植被覆盖率密切相关,从不同省份生态环境用水率可以看出,内蒙古的鄂尔多斯市和乌兰察布市从2013年开始加大对生态环境的投入,从2013年的3.7%增长到2018年的11.2%。陕西省生态环境用水率从1999年的3.3%增长到2018年的7.6%,2018年延安市、杨凌区和榆林市的平均生态环境用水率仅为6.1%。山西省生态环境用水率平均从1999年的3.4%增长到2018年的7.0%,其中,2018年长治市的平均生态环境用水率在18.5%左右,高于全省平均水平11个百分点。河南省生态环境用水率呈逐年上升趋势,其中焦作市在2013年加大了生态环境用水量的投入,到2018年达到12.4%,较2013年提高了67.4%,安阳市的生态环境用水率在2018年达到了15.5%。山东省的平均生态环境用水率从1999年的1.7%增长到2018年的5.8%,其中,2018年济南市和东营市的平均生态环境用水率在6.0%左右。

5.4 水资源-经济-生态耦合协调发展评价结果

5.4.1 水资源-经济-生态耦合度

根据第4章构建的黄河流域中下游水资源-经济-生态耦合协调发展评价指标体系,分析内蒙古、陕西、山西、河南和山东5个省份43个地市20年的长系列资料,阐述水资源、经济社会和生态环境3个子系统43个指标的时空分布特征及其对WREE的影响,通过改进权重算法确定43个指标的权重值,将其与模糊算法相结合对黄河流域中下游的耦合发展协调度进行综合评判,评价结果对未来黄河流域 WREE 耦合协调发展具有一定的借鉴意义。

(1) 权重确定

根据第 3 章理论分析及技术方法，确定出各指标最终权重值，见表 5-1。

(2) 耦合度确定

本书中，$C=0$ 时，系统耦合度最小，认为水资源系统、经济发展系统和生态环境系统要素间无关联，整个系统无序状态发展。$C \in (0, 0.3]$ 时，3 个子系统发展极不均衡，为弱耦合，处于分离阶段；$C \in (0.3, 0.5]$ 时 3 个子系统发展差距缩小，为中度耦合，处于拮抗阶段；$C \in (0.5, 0.8]$ 时，3 个子系统发展情况比较接近，为较强耦合，处于磨合阶段；$C \in (0.8, 1)$ 时，3 个子系统发展水平非常接近，达到极强耦合，处于耦合阶段；$C=1$ 时，3 个子系统达到良性共振，耦合度最高，系统整体向有序发展。具体计算结果见表 5-2 至表 5-6。

表 5-2　内蒙古水资源-经济-生态耦合度评价结果

年份	水资源	经济发展	生态环境	耦合度
1999	0.177 4	0.148 5	0.014 6	0.069
2000	0.179 6	0.146 6	0.015 1	0.072 5
2001	0.177 6	0.146 5	0.015 6	0.078 1
2002	0.178 7	0.145 5	0.016 7	0.087 8
2003	0.170 1	0.137 9	0.015 7	0.086 3
2004	0.174 8	0.142 8	0.016 4	0.087 7
2005	0.172 4	0.126 7	0.017 5	0.105 3
2006	0.169 9	0.125 0	0.021 4	0.150 8
2007	0.171 5	0.123 3	0.028 8	0.235 6
2008	0.169 1	0.123 7	0.040 4	0.380 9
2009	0.161 2	0.122 6	0.032 0	0.293 8
2010	0.169 0	0.120 8	0.034 2	0.307 5
2011	0.174 2	0.110 4	0.037 6	0.340 8
2012	0.163 9	0.109 3	0.054 6	0.562 4
2013	0.160 1	0.110 7	0.074 7	0.550 8
2014	0.155 0	0.104 4	0.106 9	0.603
2015	0.155 0	0.104 4	0.130 1	0.625 5
2016	0.155 3	0.106 1	0.122 6	0.627 9
2017	0.157 7	0.106 5	0.127 4	0.625 5
2018	0.163 2	0.108 1	0.130 4	0.618 2

注：耦合阶段（$0.8 < C4 \leqslant 1.0$）、磨合阶段（$0.5 < C3 \leqslant 0.8$）、拮抗阶段（$0.3 < C2 \leqslant 0.5$）、分离阶段（$0 < C1 \leqslant 0.3$）。

表 5-3　陕西省水资源-经济-生态耦合度评价结果

年份	水资源	经济发展	生态环境	耦合度
1999	0.389 3	0.383 3	0.127 2	0.495 0
2000	0.375 4	0.395 6	0.130 9	0.512 0
2001	0.370 9	0.394 4	0.129 8	0.510 8
2002	0.372 1	0.397 3	0.131 1	0.513 7
2003	0.371 3	0.417 2	0.133 2	0.506 3
2004	0.360 8	0.416 8	0.135 0	0.520 2
2005	0.365 9	0.428 1	0.137 4	0.517 2
2006	0.369 1	0.447 6	0.185 1	0.674 4
2007	0.377 4	0.471 7	0.188 2	0.656 7
2008	0.382 0	0.455 9	0.194 5	0.690 7
2009	0.391 0	0.477 1	0.197 4	0.675 5
2010	0.408 8	0.490 7	0.205 2	0.679 7
2011	0.414 1	0.529 0	0.215 5	0.671 5
2012	0.426 1	0.559 2	0.223 3	0.662 2
2013	0.423 4	0.560 4	0.259 1	0.747 5
2014	0.436 5	0.574 6	0.296 2	0.806 0
2015	0.435 0	0.597 1	0.292 9	0.779 7
2016	0.442 4	0.585 4	0.299 1	0.801 4
2017	0.461 1	0.601 0	0.314 3	0.813 4
2018	0.463 5	0.597 1	0.326 2	0.835 2

注：耦合阶段（0.8＜C4≤1.0）、磨合阶段（0.5＜C3≤0.8）、拮抗阶段（0.3＜C2≤0.5）、分离阶段（0＜C1≤0.3）。

表 5-4　山西省水资源-经济-生态耦合度评价结果

年份	水资源	经济发展	生态环境	耦合度
1999	0.363 3	0.463 9	0.175 5	0.627 5
2000	0.355 9	0.451 4	0.173 7	0.636 8
2001	0.358 1	0.466 4	0.181 6	0.646 4
2002	0.348 2	0.471 9	0.190 0	0.668 9
2003	0.372 8	0.478 4	0.183 5	0.636 3
2004	0.387 7	0.467 6	0.198 2	0.688 5
2005	0.373 3	0.481 0	0.203 0	0.693 2
2006	0.375 9	0.487 8	0.199 8	0.676 3

（续）

年份	水资源	经济发展	生态环境	耦合度
2007	0.383 4	0.497 4	0.234 7	0.758 0
2008	0.398 4	0.504 7	0.209 6	0.682 2
2009	0.377 3	0.499 1	0.217 9	0.714 9
2010	0.408 8	0.508 7	0.214 1	0.688 3
2011	0.397 8	0.537 9	0.233 9	0.713 3
2012	0.408 7	0.529 6	0.231 9	0.715 3
2013	0.415 9	0.537 8	0.252 0	0.753 9
2014	0.423 7	0.550 5	0.243 1	0.720 3
2015	0.421 1	0.553 4	0.255 3	0.745 8
2016	0.411 0	0.573 5	0.262 9	0.743 0
2017	0.419 5	0.573 0	0.260 9	0.739 4
2018	0.442 1	0.575 9	0.283 3	0.781 1

注：耦合阶段（0.8＜C4≤1.0）、磨合阶段（0.5＜C3≤0.8）、拮抗阶段（0.3＜C2≤0.5）、分离阶段（0＜C1≤0.3）。

表 5－5　河南省水资源-经济-生态耦合度评价结果

年份	水资源	经济发展	生态环境	耦合度
1999	0.312 5	0.461 4	0.155 6	0.568 9
2000	0.356 6	0.481 5	0.156 2	0.542 5
2001	0.316 1	0.486 8	0.180 6	0.622 0
2002	0.315 6	0.494 8	0.175 8	0.597 3
2003	0.396 0	0.502 2	0.180 9	0.597 7
2004	0.370 7	0.535 3	0.190 7	0.600 1
2005	0.375 8	0.536 6	0.205 5	0.641 4
2006	0.333 4	0.541 8	0.209 5	0.641 1
2007	0.338 4	0.551 7	0.213 2	0.640 3
2008	0.343 5	0.577 5	0.226 3	0.644 2
2009	0.362 3	0.558 4	0.222 3	0.661 4
2010	0.420 1	0.553 4	0.231 8	0.690 4
2011	0.414 6	0.567 4	0.266 2	0.756 0
2012	0.344 9	0.568 6	0.268 8	0.741 7
2013	0.378 2	0.570 4	0.268 6	0.752 6
2014	0.386 3	0.587 6	0.291 2	0.776 9

（续）

年份	水资源	经济发展	生态环境	耦合度
2015	0.372 6	0.601 1	0.302 7	0.774 9
2016	0.390 3	0.627 7	0.346 8	0.814 3
2017	0.420 8	0.658 5	0.397 8	0.852 9
2018	0.475 6	0.672 4	0.465 1	0.915 3

注：耦合阶段（0.8＜C4≤1.0）、磨合阶段（0.5＜C3≤0.8）、拮抗阶段（0.3＜C2≤0.5）、分离阶段（0＜C1≤0.3）。

表 5-6　山东省水资源-经济-生态耦合度评价结果

年份	水资源	经济发展	生态环境	耦合度
1999	0.447 6	0.560 7	0.254 5	0.733 4
2000	0.442 6	0.559 6	0.258 8	0.745 1
2001	0.461 6	0.554 5	0.267 8	0.764 7
2002	0.457 8	0.559 5	0.263 0	0.751 1
2003	0.466 6	0.541 6	0.266 3	0.770 2
2004	0.452 2	0.554 5	0.270 7	0.773 2
2005	0.449 8	0.564 6	0.273 9	0.771 4
2006	0.452 3	0.565 1	0.278 9	0.780 7
2007	0.461 7	0.567 4	0.280 9	0.781 2
2008	0.470 5	0.577 1	0.287 8	0.785 0
2009	0.447 9	0.595 8	0.293 5	0.782 2
2010	0.465 9	0.592 6	0.308 8	0.811 0
2011	0.468 6	0.608 7	0.309 8	0.799 2
2012	0.473 1	0.616 5	0.346 3	0.848 5
2013	0.482 9	0.616 4	0.378 8	0.888 8
2014	0.467 4	0.624 4	0.411 9	0.911 3
2015	0.470 3	0.634 9	0.403 5	0.897 3
2016	0.478 5	0.636 6	0.404 0	0.898 4
2017	0.485 1	0.650 9	0.412 7	0.897 2
2018	0.478 1	0.656 4	0.423 9	0.900 6

注：耦合阶段（0.8＜C4≤1.0）、磨合阶段（0.5＜C3≤0.8）、拮抗阶段（0.3＜C2≤0.5）、分离阶段（0＜C1≤0.3）。

　　由表 5-2 至表 5-6 的计算结果可以看出，3 个子系统之间的耦合程度整体成较高水平，由 20 年长系列耦合度变化情况来看，无论是哪个省份，其耦合度变化趋势整体随年份增加而增大，另外，相同年份下，各省份 3 个子系统耦合度整体由大到小排序为：山东＞山西＞河南＞陕西＞内蒙古。截至 2018 年，黄河中下游 5 个省份耦合度结果分别为：内蒙古 WREE 耦合度 0.618 2，处于磨合阶段，为较强耦合；陕西省 WREE 耦合度 0.835 2，处于耦合阶段，为较强耦合，山西省 WREE 耦合度 0.781 1，处于磨合阶段，为较强耦合；河南省 WREE 耦合度 0.915 3，处于耦合阶段，为较强耦合；山东省 WREE 耦合度 0.900 6，处于耦合阶段，为较强耦合。综上说明，3 个子系统之间耦合程度较高，故认为水资源系统、经济发展系统和生态环境系统要素间有较好关联，整个系统呈有序状态发展。同时，从 5 个省份 3 个子系统的耦合度计算结果可以看到，各省份耦合度均较高，多处于"耦合阶段"，除了内蒙古处于"磨合阶段"，但是，这只能表明 3 个子系统间耦合性强，不能看出 3 个子系统综合后的协调发展情况。对此，本书采用水资源-经济-生态耦合协调发展度来表明黄河流域中下游 5 省份的 WREE 耦合协调发展程度。

5.4.2　水资源-经济-生态耦合协调发展度

在分析不同省份以及沿黄地区水资源、经济发展和生态环境年际变化的基础上，利用模糊算法和层次分析法构建了基于 43 个评价指标的模糊综合评判模型，并对内蒙古、陕西、山西、河南和山东的 WREE 耦合协调发展程度进行计算和评价，具体结果如表 5-7 至表 5-11 所示。

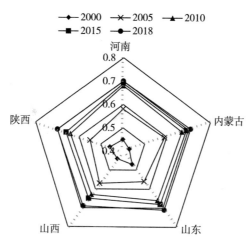

图 5-11　不同省份 5 年水资源-经济-生态协调度演变过程

从 5 个省份评价结果可以看出（图 5-11），2000 年各省份协调发展严重失衡，进入 2009 年各省份逐渐进入轻度失调发展阶段，到了 2016 年内蒙古和河南的协调度逐渐超过陕西、山西和山东，2018 年，除山西外，其他省份总

表 5-7 内蒙古水资源-经济-生态多指标模糊综合评判结果

指标	1999	2000	2001	2002	2003	2004	2005	2006	2007	2008	2009	2010	2011	2012	2013	2014	2015	2016	2017	2018
指标 1	0.55	0.56	0.65	0.62	0.64	0.68	0.67	0.69	0.71	0.72	0.84	0.70	0.64	0.82	0.61	0.69	0.78	0.76	1.00	0.76
指标 2	0.63	0.41	0.50	0.45	0.74	0.47	0.72	0.64	0.66	0.74	0.47	0.56	0.47	0.83	0.48	0.77	0.69	0.77	0.48	1.00
指标 3	0.65	0.66	0.70	0.73	0.78	0.75	0.76	0.74	0.77	0.81	0.84	0.81	0.80	0.80	0.79	0.78	0.76	0.77	0.81	1.00
指标 4	0.58	0.58	0.56	0.55	0.62	0.62	0.59	0.60	0.62	0.64	0.58	0.49	0.51	0.70	0.49	1.00	0.56	0.43	0.77	0.50
指标 5	0.67	0.70	0.67	0.59	0.75	0.68	0.61	0.76	0.79	0.70	0.71	0.72	0.79	0.76	0.69	0.80	1.00	0.76	0.77	0.73
指标 6	0.48	0.51	0.55	0.59	0.60	0.60	0.62	0.66	0.68	0.68	0.74	0.71	0.75	0.73	0.72	0.75	0.77	0.84	0.87	1.00
指标 7	0.68	0.70	0.75	0.76	0.78	0.78	0.78	0.80	0.83	0.83	0.84	0.84	0.82	0.83	0.83	0.84	0.85	0.86	1.00	0.88
指标 8	0.67	0.69	0.74	0.74	0.76	0.76	0.75	0.78	0.81	0.81	0.81	0.83	0.80	0.80	0.81	0.81	0.85	0.82	1.00	0.84
指标 9	0.65	0.62	0.65	0.71	0.58	0.71	0.59	0.62	0.65	0.60	0.85	0.73	0.82	0.66	0.75	0.64	0.61	0.63	1.00	0.70
指标 10	0.56	0.64	0.69	0.76	0.48	0.68	0.67	0.72	0.75	0.69	0.71	0.72	0.80	0.55	0.74	0.71	0.74	0.77	1.00	0.77
指标 11	0.61	0.64	0.69	0.76	0.76	0.76	0.72	0.74	0.76	0.75	0.69	0.72	0.78	0.76	1.00	0.73	0.73	0.73	0.75	0.76
指标 12	0.62	0.61	0.69	0.71	1.00	0.75	0.63	0.62	0.64	0.64	0.60	0.66	0.67	0.71	0.69	0.61	0.61	0.58	0.55	0.55
指标 13	0.66	1.00	0.70	0.65	0.63	0.57	0.55	0.57	0.59	0.51	0.52	0.66	0.57	0.37	0.49	0.45	0.46	0.38	0.38	0.39
指标 14	0.56	0.59	0.63	0.62	0.61	0.62	0.71	0.74	0.77	0.78	0.84	0.74	0.70	0.45	0.70	0.78	0.79	0.83	0.85	1.00
指标 15	0.56	0.58	0.62	0.64	0.66	0.66	0.66	0.69	0.71	0.71	0.73	0.80	0.79	0.81	0.81	0.83	0.84	0.85	0.88	1.00
指标 16	0.14	0.15	0.16	0.18	0.20	0.22	0.27	0.26	0.27	0.34	0.45	0.64	0.74	0.80	0.83	0.69	0.72	0.77	0.82	1.00
指标 17	0.56	0.70	0.63	0.56	0.52	0.46	0.41	0.40	0.42	0.39	0.33	1.00	0.60	0.54	0.46	0.42	0.41	0.39	0.31	0.47
指标 18	0.68	0.66	0.70	1.00	0.68	0.63	0.61	0.57	0.59	0.54	0.50	0.43	0.40	0.40	0.36	0.31	0.31	0.27	0.24	0.21
指标 19	0.61	0.62	0.67	0.68	0.69	0.69	0.69	0.71	0.74	0.75	0.75	0.83	0.81	0.83	0.82	0.83	0.85	0.86	0.88	1.00
指标 20	0.63	0.65	0.68	0.68	0.71	0.66	0.73	0.80	0.83	0.77	0.79	0.82	0.80	0.76	0.81	0.79	0.85	0.80	0.84	1.00
指标 21	0.65	0.67	0.74	0.71	0.75	0.78	0.63	0.63	0.66	0.63	0.68	0.83	0.77	0.80	1.00	0.68	0.67	0.65	0.60	0.54
指标 22	0.47	0.37	0.38	0.40	0.30	0.39	0.51	0.53	0.55	0.59	0.50	0.42	0.43	0.32	0.42	0.55	0.56	0.61	0.73	1.00

（续）

指标	1999	2000	2001	2002	2003	2004	2005	2006	2007	2008	2009	2010	2011	2012	2013	2014	2015	2016	2017	2018
指标 23	0.47	0.49	0.52	0.53	0.55	0.55	0.55	0.56	0.58	0.58	0.59	0.71	0.70	0.83	0.83	0.84	0.85	0.86	0.88	1.00
指标 24	0.64	0.66	0.71	0.71	0.73	0.73	0.76	0.78	0.81	0.81	0.81	0.81	0.81	0.82	0.82	0.84	0.85	0.86	0.88	1.00
指标 25	0.05	0.06	0.08	0.12	0.17	0.20	0.29	0.30	0.31	0.36	0.37	0.41	0.43	0.48	0.53	0.60	0.60	0.68	0.78	1.00
指标 26	0.20	0.22	0.25	0.54	0.36	0.62	0.68	0.70	0.72	0.76	0.79	0.79	0.78	1.00	0.82	0.78	0.77	0.68	0.78	0.79
指标 27	0.57	0.58	0.62	0.76	0.30	0.69	0.66	0.66	0.69	0.69	0.77	0.71	0.69	0.70	0.71	0.71	0.72	0.77	0.80	1.00
指标 28	0.61	0.57	0.67	0.68	0.69	0.72	0.72	0.76	0.79	0.80	0.81	0.71	0.77	0.68	0.74	0.72	0.79	0.73	0.75	0.87
指标 29	0.68	0.69	0.74	0.74	0.75	0.74	0.73	0.74	0.77	0.76	0.76	0.76	0.73	0.73	0.72	0.72	0.72	0.86	1.00	0.73
指标 30	0.08	0.10	0.11	0.14	0.15	0.19	0.29	0.26	0.35	0.44	0.52	0.63	0.75	0.82	0.87	0.89	0.90	0.93	0.96	1.00
指标 31	0.54	0.56	0.61	0.62	0.65	0.66	0.66	0.69	0.71	0.72	0.74	0.76	0.75	0.77	0.78	0.80	0.82	0.84	0.87	1.00
指标 32	0.18	0.19	0.21	0.54	0.34	0.63	0.63	0.68	0.71	0.75	0.78	0.78	0.76	1.00	0.82	0.77	0.77	0.77	0.80	0.79
指标 33	1.00	0.67	0.68	0.65	0.63	0.60	0.57	0.56	0.58	0.55	0.53	0.48	0.44	0.42	0.41	0.39	0.37	0.36	0.33	0.30
指标 34	0.21	0.23	0.27	0.29	0.33	0.36	0.36	0.40	0.42	0.58	0.64	0.71	0.71	0.72	0.74	0.75	0.78	0.83	0.86	1.00
指标 35	0.19	0.22	0.25	0.27	0.30	0.34	0.35	0.38	0.40	0.57	0.62	0.72	0.71	0.72	0.74	0.75	0.78	0.83	0.86	1.00
指标 36	0.33	0.35	0.40	0.42	0.48	0.50	0.45	0.48	0.50	0.61	0.65	0.70	0.70	0.72	0.74	0.76	0.79	0.83	0.86	1.00
指标 37	0.31	0.34	0.41	0.45	0.51	0.56	0.59	0.58	0.61	0.63	0.66	0.70	0.70	0.73	0.76	0.76	0.78	0.80	0.84	1.00
指标 38	0.29	0.31	0.35	0.36	0.40	0.41	0.44	0.47	0.49	0.62	0.66	0.75	0.74	0.76	0.76	0.76	0.79	0.83	0.85	1.00
指标 39	0.33	0.35	0.39	0.41	0.44	0.45	0.48	0.51	0.53	0.66	0.68	0.76	0.75	0.76	0.77	0.78	0.80	0.83	0.87	1.00
指标 40	0.40	0.44	0.48	0.49	0.62	0.67	0.73	0.80	1.00	0.52	0.52	0.64	0.64	0.66	0.67	0.69	0.51	0.65	0.66	0.66
指标 41	0.58	0.55	0.57	0.53	0.53	0.48	0.53	0.55	0.57	0.60	0.63	0.79	0.74	0.81	0.83	0.73	0.80	0.82	0.84	1.00
指标 42	0.20	0.21	0.23	0.23	0.24	0.24	0.24	0.25	0.26	0.26	0.35	0.28	0.27	0.42	0.32	0.69	0.85	0.82	0.86	1.00
指标 43	1.00	0.99	0.98	0.97	0.95	0.94	0.94	0.93	0.93	0.92	0.91	0.90	0.89	0.89	0.88	0.87	0.86	0.84	0.83	0.82
计算结果	0.49	0.50	0.53	0.55	0.56	0.58	0.58	0.60	0.63	0.64	0.66	0.65	0.65	0.66	0.66	0.67	0.69	0.70	0.70	0.71
评价结果	D_6	D_6	D_5	D_5	D_5	D_5	D_5	D_4	D_4	D_4	D_4	D_4	D_4	D_4	D_4	D_3	D_3	D_3	D_3	D_3

表 5 - 8　陕西省水资源-经济-生态多指标模糊综合评判结果

指标	1999	2000	2001	2002	2003	2004	2005	2006	2007	2008	2009	2010	2011	2012	2013	2014	2015	2016	2017	2018
指标 1	0.44	0.41	0.50	0.49	0.54	0.56	0.62	0.39	0.41	0.52	0.45	0.73	1.00	0.50	0.43	0.45	0.48	0.41	0.70	0.57
指标 2	0.29	0.30	0.30	0.30	1.00	0.31	0.34	0.34	0.35	0.40	0.33	0.42	0.47	0.32	0.36	0.39	0.37	0.34	0.47	0.40
指标 3	0.66	0.69	0.74	0.74	0.76	0.77	0.78	0.78	0.81	0.83	0.83	0.83	0.80	0.81	0.81	0.82	0.82	0.83	0.86	1.00
指标 4	0.46	0.64	0.58	0.52	0.73	0.62	0.58	0.80	1.00	0.66	0.65	0.68	0.67	0.74	0.68	0.64	0.70	0.64	0.72	0.69
指标 5	0.38	0.34	0.40	0.40	0.41	0.40	0.61	0.38	0.39	0.52	0.41	0.69	1.00	0.50	0.43	0.48	0.48	0.41	0.68	0.50
指标 6	0.57	0.59	0.62	0.67	0.68	0.66	0.64	0.70	0.73	0.71	0.73	0.70	0.72	0.74	0.75	0.79	0.82	0.83	0.87	1.00
指标 7	0.63	0.45	0.75	0.76	0.43	0.55	0.50	0.69	0.71	0.63	0.76	0.55	0.54	0.66	0.79	0.75	0.76	0.77	0.71	1.00
指标 8	0.60	0.67	0.72	0.72	0.76	0.73	0.73	0.74	0.77	0.77	1.00	0.74	0.78	0.66	0.65	0.64	0.65	0.70	0.64	0.64
指标 9	0.51	0.46	0.49	0.51	0.54	0.52	0.55	0.62	0.64	0.63	0.50	0.81	0.52	0.82	0.83	1.00	0.81	0.64	0.82	0.78
指标 10	0.58	0.58	0.65	0.65	0.60	0.67	0.66	0.63	0.66	0.67	0.60	0.60	0.53	0.74	0.73	0.76	0.79	0.86	0.85	1.00
指标 11	0.57	0.50	0.55	0.56	0.55	0.62	0.59	0.59	0.61	0.60	0.62	0.70	0.72	0.76	0.76	0.76	0.81	0.83	0.87	1.00
指标 12	0.67	0.70	0.61	0.68	0.62	0.59	0.61	0.65	0.67	0.71	1.00	0.73	0.69	0.66	0.64	0.62	0.60	0.58	0.57	0.54
指标 13	0.60	0.50	0.73	0.65	0.66	0.65	0.59	0.64	0.66	0.66	0.61	0.62	0.62	0.71	0.75	0.70	0.84	0.77	0.86	1.00
指标 14	0.52	0.51	0.57	0.52	0.41	0.51	0.42	0.55	0.57	0.56	0.57	0.45	0.30	0.56	1.00	0.58	0.60	0.50	0.48	0.62
指标 15	0.52	0.53	0.59	0.61	0.63	0.64	0.66	0.70	0.72	0.75	0.79	0.79	0.78	0.79	0.80	0.81	0.82	0.83	0.84	1.00
指标 16	0.05	0.06	0.07	0.08	0.09	0.11	0.13	0.17	0.17	0.20	0.25	0.34	0.41	0.49	0.56	0.61	0.64	0.69	0.79	1.00
指标 17	0.44	0.39	0.42	0.49	0.53	0.58	0.57	0.63	0.66	0.72	1.00	0.78	0.75	0.75	0.64	0.55	0.50	0.46	0.48	0.48
指标 18	0.68	0.67	0.68	0.67	0.63	0.61	0.56	0.66	1.00	0.55	0.50	0.29	0.34	0.27	0.23	0.21	0.20	0.19	0.15	0.14
指标 19	0.59	0.61	0.64	0.67	0.68	0.68	0.68	0.72	0.75	0.73	0.74	0.74	0.80	0.76	0.76	0.77	1.00	0.82	0.84	0.82
指标 20	0.61	0.63	0.66	0.76	0.71	0.66	0.62	0.68	0.71	0.61	1.00	0.75	0.71	0.69	0.65	0.63	0.64	0.63	0.60	0.58
指标 21	0.59	0.63	0.68	0.67	0.67	0.75	0.75	0.75	0.78	0.82	0.81	0.79	0.80	0.80	0.83	0.83	0.81	0.79	0.83	1.00
指标 22	0.67	0.66	0.71	0.71	0.78	0.68	0.69	0.72	0.75	0.71	0.71	0.76	0.68	0.72	0.69	0.71	0.78	0.83	0.83	1.00

（续）

指标	1999	2000	2001	2002	2003	2004	2005	2006	2007	2008	2009	2010	2011	2012	2013	2014	2015	2016	2017	2018
指标 23	0.35	0.39	0.44	0.49	0.51	0.52	0.54	0.57	0.59	0.62	0.67	0.61	0.62	0.68	0.68	0.68	0.77	0.80	0.82	1.00
指标 24	0.33	0.36	0.42	0.46	0.49	0.50	0.51	0.54	0.56	0.60	0.65	0.59	0.58	0.66	0.66	0.65	0.75	0.78	0.80	1.00
指标 25	0.03	0.04	0.05	0.05	0.06	0.09	0.10	0.14	0.14	0.18	0.24	0.37	0.46	0.56	0.62	0.66	0.68	0.74	0.83	1.00
指标 26	0.31	0.32	0.35	0.39	0.46	0.49	0.48	0.54	0.56	0.60	0.64	0.67	0.71	0.77	0.76	0.80	0.85	1.00	0.81	0.79
指标 27	0.68	0.69	0.73	0.73	0.73	0.73	0.71	0.71	0.74	1.00	0.72	0.71	0.70	0.70	0.69	0.68	0.68	0.69	0.69	0.69
指标 28	0.61	0.66	0.65	0.65	0.69	0.66	0.65	0.73	0.76	0.83	0.71	0.71	0.71	0.76	0.71	0.74	1.00	0.74	0.77	0.79
指标 29	0.61	0.66	0.65	0.65	0.69	0.66	0.65	0.73	0.76	0.83	0.71	0.71	0.71	0.76	0.71	0.74	1.00	0.74	0.77	0.79
指标 30	0.06	0.07	0.07	0.08	0.10	0.12	0.15	0.18	0.22	0.29	0.34	0.42	0.52	0.61	0.67	0.73	0.73	0.79	0.91	1.00
指标 31	0.51	0.53	0.59	0.60	0.62	0.63	0.64	0.67	0.70	0.71	0.72	0.75	0.74	0.76	0.77	0.79	0.82	0.83	0.87	1.00
指标 32	0.68	0.69	0.74	0.69	0.69	0.74	0.73	0.74	0.77	1.00	0.73	0.65	0.59	0.52	0.54	0.52	0.50	0.48	0.47	0.45
指标 33	0.48	0.48	0.55	0.57	0.63	0.66	0.69	0.68	0.71	0.71	0.66	0.78	0.80	1.00	0.81	0.81	0.77	0.76	0.74	0.55
指标 34	0.28	0.34	0.40	0.44	0.49	0.51	0.62	0.68	0.71	0.75	1.00	0.80	0.67	0.63	0.56	0.55	0.58	0.52	0.48	0.53
指标 35	0.28	0.34	0.40	0.44	0.49	0.51	0.62	0.68	0.71	0.75	1.00	0.80	0.67	0.63	0.56	0.55	0.58	0.52	0.48	0.53
指标 36	0.28	0.34	0.40	0.44	0.49	0.51	0.62	0.68	0.71	0.75	1.00	0.80	0.67	0.63	0.56	0.55	0.58	0.52	0.48	0.53
指标 37	0.39	0.42	0.49	0.51	0.55	0.54	0.59	0.60	0.62	0.64	0.68	0.65	0.71	0.72	0.75	0.74	0.81	0.78	0.86	1.00
指标 38	0.60	0.62	0.68	0.68	0.72	0.71	0.73	0.72	0.75	0.76	0.79	0.80	0.80	0.81	0.81	0.81	0.83	0.85	0.87	1.00
指标 39	0.41	0.46	0.53	0.55	0.56	0.58	0.62	0.68	0.71	0.68	0.71	0.65	0.65	0.68	0.71	0.74	0.77	0.81	0.85	1.00
指标 40	0.68	0.68	1.00	0.64	0.62	0.62	0.58	0.57	0.59	0.58	0.55	0.50	0.48	0.47	0.46	0.45	0.44	0.44	0.44	0.43
指标 41	0.33	0.31	0.38	0.40	0.40	0.40	0.43	0.46	0.48	0.52	0.55	0.65	0.66	0.71	0.73	0.72	0.78	0.82	0.86	1.00
指标 42	0.41	0.43	0.47	0.49	0.51	0.54	0.54	0.55	0.57	0.58	0.59	0.62	0.62	0.64	0.69	0.71	0.73	0.77	0.84	1.00
指标 43	0.94	1.00	0.91	0.91	0.88	0.86	0.81	0.76	0.71	0.67	0.63	0.59	0.56	0.52	0.49	0.43	0.38	0.34	0.30	0.28
计算结果	0.47	0.48	0.53	0.54	0.56	0.56	0.57	0.60	0.63	0.64	0.67	0.66	0.66	0.66	0.66	0.67	0.69	0.68	0.69	0.70
评判结果	D_6	D_6	D_5	D_5	D_5	D_5	D_5	D_4	D_4	D_4	D_4	D_4	D_4	D_4	D_4	D_4	D_4	D_4	D_4	D_3

表 5-9 山西省水资源-经济-生态多指标模糊综合评判结果

指标	1999	2000	2001	2002	2003	2004	2005	2006	2007	2008	2009	2010	2011	2012	2013	2014	2015	2016	2017	2018
指标 1	0.34	0.43	0.35	0.53	0.71	0.51	0.47	0.50	0.51	0.62	0.57	0.57	1.00	0.66	0.77	0.70	0.59	0.84	0.88	0.81
指标 2	0.12	0.14	0.14	0.16	0.20	0.16	0.16	0.16	0.17	0.19	0.17	0.18	0.65	0.66	0.76	0.67	0.67	1.00	0.77	0.72
指标 3	0.62	0.67	0.73	0.71	0.76	0.75	0.73	0.76	0.79	0.76	0.80	0.81	0.80	0.80	0.81	0.81	0.80	0.80	0.84	1.00
指标 4	0.68	0.55	0.68	0.63	0.51	0.68	0.62	0.65	1.00	0.52	0.65	0.63	0.52	0.56	0.55	0.59	0.65	0.49	0.54	0.63
指标 5	0.44	0.48	0.47	0.57	0.78	0.57	0.54	0.59	0.61	0.67	0.60	0.63	1.00	0.66	0.75	0.75	0.64	0.83	0.87	0.80
指标 6	0.41	0.42	0.46	0.46	0.47	0.47	0.47	0.50	0.51	0.52	0.84	0.56	0.58	0.57	0.58	0.60	0.61	0.63	0.64	1.00
指标 7	0.67	0.67	0.75	0.65	0.51	0.66	0.72	0.72	0.75	0.70	0.76	0.78	0.64	0.71	0.64	0.69	0.81	0.69	0.71	1.00
指标 8	0.61	0.52	0.52	0.71	0.56	0.54	0.78	0.66	0.69	0.60	1.00	0.56	0.61	0.50	0.54	0.55	0.56	0.58	0.58	0.59
指标 9	0.44	0.64	0.65	0.46	0.66	0.69	0.42	0.63	0.66	0.83	0.80	0.52	0.57	0.70	0.68	1.00	0.73	0.76	0.77	0.75
指标 10	0.38	0.41	0.53	0.40	0.52	0.54	0.37	0.42	0.44	0.42	0.57	0.84	0.65	0.75	0.69	0.68	0.65	0.63	0.64	1.00
指标 11	0.46	0.50	0.59	0.53	0.56	0.55	0.56	0.59	0.61	0.64	0.60	0.76	0.78	0.75	0.78	0.74	0.83	0.83	0.77	1.00
指标 12	0.65	0.68	0.71	0.69	0.74	0.77	0.76	0.73	0.76	0.81	1.00	0.81	0.82	0.78	0.76	0.76	0.74	0.71	0.70	0.67
指标 13	0.56	0.53	0.60	0.59	0.69	0.68	0.69	0.71	0.74	0.76	0.79	0.80	0.74	0.76	0.79	0.84	0.80	0.76	0.79	1.00
指标 14	0.18	0.38	0.56	0.43	0.41	0.54	0.41	0.53	0.55	0.65	0.51	0.68	0.68	0.51	1.00	0.38	0.50	0.58	0.88	0.73
指标 15	0.58	0.62	0.67	0.68	0.69	0.69	0.69	0.72	0.75	0.75	0.76	0.79	0.75	0.79	0.81	0.81	0.82	0.83	0.86	1.00
指标 16	0.10	0.11	0.11	0.12	0.15	0.18	0.23	0.27	0.28	0.32	0.39	0.47	0.51	0.55	0.60	0.64	0.67	0.70	0.79	1.00
指标 17	0.17	0.24	0.38	0.40	0.54	0.66	0.78	0.53	0.55	0.56	1.00	0.38	0.30	0.21	0.25	0.03	0.09	0.15	0.28	0.28
指标 18	0.68	0.70	0.73	0.73	0.73	0.71	0.69	0.66	1.00	0.70	0.71	0.64	0.62	0.58	0.58	0.55	0.53	0.52	0.49	0.46
指标 19	0.64	0.66	0.72	0.73	0.74	0.74	0.73	0.76	0.79	0.80	0.82	0.81	0.80	0.81	0.83	0.81	1.00	0.81	0.82	0.83
指标 20	0.54	0.56	0.56	0.60	0.61	0.66	0.78	0.70	0.73	0.75	1.00	0.29	0.26	0.27	0.29	0.28	0.27	0.27	0.24	0.25
指标 21	0.45	0.46	0.50	0.50	0.54	0.47	0.54	0.56	0.58	0.59	0.60	0.81	0.82	0.81	0.79	0.74	0.71	0.71	0.73	1.00
指标 22	0.60	0.62	0.67	0.67	0.66	0.78	0.62	0.62	0.65	0.63	0.61	0.55	0.50	0.53	0.56	0.66	0.71	0.74	0.76	1.00

（续）

指标	1999	2000	2001	2002	2003	2004	2005	2006	2007	2008	2009	2010	2011	2012	2013	2014	2015	2016	2017	2018
指标 23	0.56	0.56	0.61	0.63	0.65	0.64	0.65	0.66	0.68	0.67	0.71	0.70	0.65	0.69	0.70	0.84	0.84	0.85	0.87	1.00
指标 24	0.68	0.67	0.72	0.71	0.73	0.74	0.74	0.77	0.80	0.79	0.81	0.82	0.80	0.83	0.82	0.82	0.84	0.85	0.87	1.00
指标 25	0.04	0.04	0.05	0.06	0.09	0.06	0.14	0.17	0.17	0.21	0.26	0.33	0.50	0.51	0.57	0.62	0.70	0.80	0.88	1.00
指标 26	0.39	0.41	0.45	0.46	0.52	0.44	0.54	0.57	0.59	0.82	0.84	0.80	0.79	0.78	0.76	0.73	0.72	1.00	0.79	0.81
指标 27	0.68	0.69	0.74	0.74	0.75	0.75	0.74	0.75	0.78	1.00	0.79	0.78	0.75	0.76	0.76	0.76	0.77	0.77	0.78	0.77
指标 28	0.56	0.54	0.62	0.63	0.65	0.66	0.66	0.69	0.71	0.73	0.76	0.71	0.75	0.76	0.76	0.79	1.00	0.83	0.86	0.88
指标 29	0.67	0.68	0.74	0.75	0.76	0.76	0.77	0.80	0.83	0.81	0.81	0.82	0.80	0.81	0.81	0.82	1.00	0.85	0.86	0.86
指标 30	0.07	0.10	0.11	0.13	0.16	0.20	0.26	0.30	0.36	0.43	0.47	0.56	0.71	0.78	0.80	0.80	0.76	0.79	0.90	1.00
指标 31	0.58	0.60	0.65	0.66	0.69	0.69	0.69	0.70	0.73	0.76	0.77	0.81	0.80	0.80	0.81	0.83	0.84	0.85	0.88	1.00
指标 32	0.20	0.35	0.26	0.40	0.44	0.45	0.49	0.52	0.54	1.00	0.68	0.84	0.80	0.78	0.76	0.75	0.76	0.76	0.75	0.78
指标 33	0.68	0.68	0.71	0.71	0.68	0.66	0.63	0.62	0.65	0.61	0.61	0.56	0.52	1.00	0.47	0.45	0.37	0.34	0.33	0.29
指标 34	0.63	0.67	0.73	0.72	0.73	0.75	0.72	0.76	0.79	0.76	1.00	0.79	0.75	0.80	0.81	0.77	0.80	0.83	0.88	0.86
指标 35	0.68	0.69	0.71	0.72	0.73	0.74	0.74	0.76	0.79	0.78	1.00	0.76	0.78	0.75	0.71	0.76	0.78	0.79	0.79	0.81
指标 36	0.42	0.47	0.54	0.59	0.68	0.74	0.78	0.76	0.79	0.81	0.76	0.79	0.80	0.76	0.80	0.81	0.80	1.00	0.83	0.83
指标 37	0.61	0.61	0.67	0.69	0.68	0.66	0.69	0.74	0.76	0.61	0.66	0.77	0.76	0.66	0.70	0.73	0.77	0.80	0.82	1.00
指标 38	0.61	0.61	0.67	0.69	0.71	0.68	0.69	0.74	0.76	0.77	0.77	0.81	0.78	0.80	0.81	0.81	0.83	0.85	0.84	1.00
指标 39	0.35	0.39	0.44	0.46	0.51	0.53	0.56	0.58	0.60	0.63	0.69	0.71	0.71	0.75	0.76	0.79	0.82	0.84	0.88	1.00
指标 40	0.66	0.70	1.00	0.74	0.76	0.78	0.76	0.79	0.82	0.80	0.81	0.81	0.77	0.81	0.80	0.81	0.82	0.82	0.84	0.85
指标 41	0.56	0.64	0.55	0.60	0.63	0.60	0.59	0.58	0.61	0.68	0.71	0.84	0.66	0.74	0.81	0.76	0.80	0.71	0.83	1.00
指标 42	0.33	0.32	0.35	0.45	0.41	0.51	0.50	0.47	0.49	0.79	0.49	0.44	0.48	0.47	0.64	0.58	0.70	0.76	0.70	1.00
指标 43	1.00	0.93	0.88	0.86	0.81	0.80	0.76	0.73	0.70	0.70	0.68	0.63	0.58	0.58	0.55	0.51	0.49	0.49	0.49	0.46
计算结果	0.42	0.45	0.49	0.50	0.52	0.52	0.52	0.54	0.57	0.59	0.63	0.59	0.61	0.61	0.63	0.62	0.63	0.64	0.66	0.68
评判结果	D_6	D_6	D_6	D_5	D_5	D_5	D_5	D_5	D_5	D_5	D_4	D_5	D_4	D_4	D_4	D_4	D_4	D_4	D_4	D_4

表 5 - 10　河南省水资源-经济-生态多指标模糊综合评判结果

指标	1999	2000	2001	2002	2003	2004	2005	2006	2007	2008	2009	2010	2011	2012	2013	2014	2015	2016	2017	2018
指标 1	0.31	0.49	0.32	0.36	0.78	0.54	0.60	0.44	0.46	0.48	0.42	0.70	1.00	0.48	0.39	0.46	0.47	0.51	0.44	0.46
指标 2	0.41	0.56	0.43	0.47	0.78	0.61	0.62	0.54	0.56	0.56	0.57	0.70	0.73	0.50	0.45	0.59	0.61	1.00	0.60	0.67
指标 3	0.60	0.57	0.72	0.67	0.67	0.73	0.73	0.66	0.69	0.65	0.82	0.77	0.69	0.76	0.83	0.74	0.74	0.75	0.84	1.00
指标 4	0.54	0.43	0.66	0.56	0.43	0.54	0.52	0.54	1.00	0.51	0.66	0.51	0.40	0.71	0.83	0.57	0.55	0.49	0.68	0.54
指标 5	0.33	0.57	0.38	0.40	0.78	0.64	0.69	0.51	0.53	0.55	0.52	0.70	1.00	0.55	0.62	0.60	0.54	0.64	0.61	0.64
指标 6	0.65	0.64	0.71	0.76	0.72	0.69	0.73	0.79	0.82	0.80	0.84	0.75	0.74	0.77	0.80	0.72	0.76	0.77	0.85	1.00
指标 7	0.65	0.60	0.73	0.74	0.63	0.69	0.68	0.75	0.78	0.77	0.82	0.74	0.72	0.79	0.83	0.81	0.82	0.84	0.84	1.00
指标 8	0.68	0.68	0.74	0.73	0.69	0.70	0.69	0.73	0.76	0.71	1.00	0.55	0.43	0.71	0.52	0.45	0.70	0.70	0.70	0.69
指标 9	0.32	0.36	0.36	0.36	0.39	0.37	0.41	0.39	0.41	0.46	0.48	0.41	0.80	0.51	0.41	1.00	0.43	0.48	0.46	0.48
指标 10	0.29	0.29	0.32	0.32	0.40	0.41	0.39	0.40	0.42	0.42	0.42	0.82	0.57	0.43	0.83	0.51	0.59	0.57	0.63	1.00
指标 11	0.58	0.58	0.62	0.68	0.66	0.59	0.62	0.66	0.69	0.66	0.70	0.80	0.78	0.83	0.82	0.69	0.72	0.71	0.77	1.00
指标 12	0.66	0.68	0.73	0.73	0.76	0.73	0.78	0.78	0.81	0.78	1.00	0.76	0.71	0.72	0.73	0.72	0.69	0.71	0.66	0.68
指标 13	0.52	0.52	0.56	0.58	0.55	0.61	0.55	0.60	0.62	0.64	0.69	0.71	0.72	0.74	0.73	0.75	0.81	0.80	0.88	1.00
指标 14	0.04	0.04	0.06	0.06	0.07	0.06	0.06	0.06	0.07	0.05	0.04	0.42	0.50	0.40	1.00	0.36	0.41	0.38	0.76	0.88
指标 15	0.58	0.60	0.65	0.66	0.69	0.69	0.69	0.72	0.75	0.75	0.76	0.81	0.80	0.83	0.81	0.82	0.82	0.83	0.86	1.00
指标 16	0.12	0.13	0.15	0.17	0.19	0.21	0.23	0.27	0.28	0.32	0.38	0.45	0.50	0.56	0.60	0.65	0.68	0.74	0.83	1.00
指标 17	0.34	0.40	0.48	0.43	0.55	0.78	0.66	0.61	0.63	0.74	1.00	0.66	0.47	0.42	0.37	0.36	0.31	0.35	0.39	0.33
指标 18	0.68	0.61	0.64	0.62	0.50	0.41	0.36	0.34	1.00	0.28	0.24	0.19	0.16	0.15	0.14	0.12	0.12	0.10	0.11	0.10
指标 19	0.67	0.65	0.74	0.74	0.76	0.76	0.77	0.79	0.82	0.81	0.82	0.84	0.80	0.82	0.82	0.84	1.00	0.83	0.88	0.88
指标 20	0.68	0.68	0.71	0.68	0.60	0.62	0.59	0.57	0.59	0.54	1.00	0.54	0.51	0.51	0.50	0.54	0.47	0.45	0.40	0.38
指标 21	0.54	0.56	0.59	0.60	0.66	0.66	0.70	0.73	0.76	0.77	0.80	0.84	0.82	0.82	0.81	0.82	0.73	0.72	0.74	1.00
指标 22	0.54	0.57	0.65	0.65	0.66	0.64	0.59	0.59	0.61	0.61	0.61	0.54	0.53	0.56	0.56	0.76	0.75	0.79	0.84	1.00

（续）

指标	1999	2000	2001	2002	2003	2004	2005	2006	2007	2008	2009	2010	2011	2012	2013	2014	2015	2016	2017	2018
指标 23	0.57	0.59	0.63	0.64	0.66	0.66	0.66	0.69	0.71	0.73	0.75	0.77	0.75	0.83	0.83	0.84	0.85	0.86	0.88	1.00
指标 24	0.62	0.64	0.68	0.69	0.71	0.71	0.71	0.74	0.76	0.80	0.82	0.84	0.82	0.83	0.83	0.84	0.85	0.86	0.88	1.00
指标 25	0.13	0.25	0.20	0.11	0.13	0.13	0.24	0.30	0.32	0.40	0.52	0.58	0.73	0.67	0.70	0.67	0.67	0.73	0.86	1.00
指标 26	0.19	0.20	0.23	0.56	0.54	0.62	0.68	0.73	0.76	0.78	0.81	0.80	0.80	0.83	0.82	0.84	0.75	1.00	0.76	0.74
指标 27	0.63	0.64	0.67	0.69	0.65	0.71	0.71	0.72	0.75	1.00	0.74	0.83	0.78	0.79	0.78	0.79	0.79	0.83	0.84	0.84
指标 28	0.64	0.64	0.70	0.71	0.73	0.73	0.73	0.74	0.77	0.77	0.81	0.79	0.80	0.81	0.80	0.81	1.00	0.84	0.86	0.88
指标 29	0.68	0.65	0.74	0.76	0.69	0.69	0.68	0.74	0.77	0.72	0.73	0.58	0.46	0.71	0.56	0.48	1.00	0.69	0.72	0.70
指标 30	0.08	0.09	0.10	0.11	0.13	0.17	0.20	0.24	0.30	0.37	0.39	0.47	0.56	0.61	0.67	0.72	0.76	0.83	0.92	1.00
指标 31	0.54	0.56	0.61	0.63	0.66	0.66	0.67	0.70	0.72	0.74	0.75	0.76	0.75	0.77	0.78	0.80	0.82	0.84	0.87	1.00
指标 32	0.35	0.52	0.40	0.59	0.65	0.63	0.68	0.66	0.69	1.00	0.76	0.75	0.76	0.75	0.78	0.74	0.77	0.77	0.78	0.88
指标 33	0.65	0.66	0.71	0.70	0.65	0.62	0.60	0.66	0.68	0.61	0.59	0.55	0.82	1.00	0.75	0.71	0.65	0.43	0.36	0.31
指标 34	0.39	0.42	0.44	0.45	0.48	0.49	0.49	0.50	0.52	0.53	1.00	0.57	0.59	0.60	0.64	0.62	0.62	0.67	0.77	0.88
指标 35	0.30	0.32	0.35	0.39	0.43	0.46	0.49	0.51	0.53	0.60	1.00	0.71	0.71	0.71	0.76	0.75	0.78	0.80	0.85	0.88
指标 36	0.53	0.62	0.58	0.60	0.59	0.66	0.62	0.70	0.73	0.71	0.68	0.71	0.75	0.69	0.77	0.71	0.85	1.00	0.80	0.87
指标 37	0.50	0.53	0.63	0.65	0.71	0.73	0.77	0.72	0.75	0.76	0.79	0.76	0.80	0.80	0.81	0.79	0.82	0.84	0.86	1.00
指标 38	0.48	0.50	0.54	0.55	0.57	0.59	0.60	0.63	0.66	0.68	0.71	0.76	0.76	0.78	0.79	0.81	0.80	0.85	0.87	1.00
指标 39	0.22	0.26	0.31	0.34	0.38	0.42	0.47	0.53	0.55	0.59	0.66	0.73	0.71	0.73	0.74	0.76	0.78	0.83	0.86	1.00
指标 40	0.63	0.64	1.00	0.72	0.74	0.76	0.77	0.75	0.78	0.78	0.81	0.82	0.79	0.80	0.81	0.83	0.83	0.86	0.87	0.88
指标 41	0.50	0.48	0.53	0.71	0.62	0.66	0.61	0.63	0.66	0.81	0.81	0.74	0.71	0.76	0.73	0.75	0.70	0.71	0.70	0.88
指标 42	0.28	0.29	0.35	0.35	0.34	0.36	0.40	0.41	0.42	0.46	0.50	0.47	0.51	0.53	0.54	0.70	0.77	0.77	0.82	1.00
指标 43	1.00	0.96	0.92	0.90	0.88	0.85	0.81	0.79	0.77	0.78	0.76	0.73	0.69	0.68	0.66	0.63	0.63	0.63	0.63	0.60
计算结果	0.46	0.49	0.52	0.54	0.57	0.56	0.58	0.58	0.63	0.62	0.68	0.66	0.69	0.67	0.68	0.68	0.69	0.70	0.70	0.71
评判结果	D_6	D_6	D_5	D_5	D_5	D_5	D_5	D_5	D_4	D_4	D_4	D_4	D_4	D_4	D_4	D_4	D_4	D_3	D_3	D_3

表 5-11 山东省水资源-经济-生态多指标模糊综合评判结果

指标	1999	2000	2001	2002	2003	2004	2005	2006	2007	2008	2009	2010	2011	2012	2013	2014	2015	2016	2017	2018
指标1	0.65	0.67	0.74	0.76	0.73	0.73	0.73	0.74	0.76	0.76	0.78	0.79	1.00	0.71	0.81	0.42	0.58	0.73	0.54	0.75
指标2	0.56	0.61	0.65	0.67	0.71	0.70	0.73	0.68	0.71	0.73	0.74	0.76	0.76	0.68	0.80	0.59	0.70	1.00	0.66	0.88
指标3	0.67	0.70	0.73	0.76	0.76	0.75	0.76	0.76	0.79	0.80	0.81	0.78	0.75	0.78	0.76	0.77	0.78	0.81	0.80	1.00
指标4	0.61	0.62	0.62	0.61	0.69	0.69	0.66	0.67	1.00	0.71	0.66	0.59	0.61	0.73	0.60	0.84	0.63	0.55	0.80	0.62
指标5	0.65	0.66	0.72	0.76	0.70	0.70	0.73	0.74	0.76	0.75	0.74	0.66	1.00	0.58	0.64	0.41	0.50	0.64	0.53	0.56
指标6	0.64	0.66	0.68	0.76	0.72	0.75	0.73	0.75	0.78	0.76	0.77	0.83	0.81	0.81	0.79	0.81	0.81	0.83	0.83	1.00
指标7	0.58	0.61	0.66	0.68	0.70	0.71	0.71	0.74	0.76	0.77	0.78	0.77	0.74	0.76	0.76	0.83	0.84	0.85	0.88	1.00
指标8	0.67	0.70	0.74	0.74	0.75	0.75	0.70	0.72	0.75	0.79	1.00	0.80	0.80	0.80	0.78	0.79	0.79	0.80	0.80	0.79
指标9	0.39	0.39	0.52	0.52	0.56	0.55	0.60	0.64	0.66	0.56	0.71	0.60	0.54	0.56	0.62	1.00	0.67	0.69	0.88	0.69
指标10	0.49	0.51	0.51	0.59	0.66	0.64	0.63	0.68	0.71	0.68	0.72	0.70	0.67	0.71	0.75	0.78	0.76	0.74	0.88	1.00
指标11	0.65	0.67	0.72	0.76	0.76	0.77	0.75	0.76	0.79	0.76	0.77	0.80	0.78	0.79	0.76	0.78	0.78	0.79	0.88	1.00
指标12	0.68	0.60	0.75	0.70	0.75	0.72	0.72	0.72	0.75	0.71	1.00	0.74	0.73	0.69	0.77	0.78	0.81	0.70	0.64	0.72
指标13	0.55	0.66	0.60	0.66	0.65	0.66	0.65	0.71	0.74	0.76	0.77	0.81	0.76	0.81	0.73	0.73	0.75	0.85	0.88	1.00
指标14	0.39	0.44	0.47	0.46	0.50	0.45	0.49	0.48	0.50	0.51	0.51	0.50	0.33	0.83	1.00	0.81	0.77	0.79	0.84	0.84
指标15	0.63	0.64	0.70	0.71	0.73	0.73	0.73	0.75	0.78	0.79	0.80	0.80	0.80	0.81	0.80	0.81	0.82	0.84	0.87	1.00
指标16	0.24	0.20	0.35	0.24	0.36	0.29	0.30	0.35	0.37	0.39	0.45	0.50	0.54	0.59	0.63	0.67	0.71	0.76	0.84	1.00
指标17	0.46	0.45	0.51	0.52	0.66	0.78	0.73	0.70	0.72	0.83	1.00	0.79	0.76	0.60	0.60	0.55	0.51	0.61	0.76	0.59
指标18	0.68	0.67	0.68	0.65	0.62	0.59	0.55	0.53	1.00	0.51	0.48	0.42	0.34	0.32	0.27	0.27	0.26	0.24	0.23	0.19
指标19	0.67	0.70	0.74	0.71	0.73	0.73	0.73	0.75	0.78	0.78	0.79	0.84	0.82	0.81	0.81	0.83	1.00	0.85	0.88	0.88
指标20	0.68	0.65	0.65	0.59	0.55	0.51	0.47	0.43	0.45	0.41	1.00	0.39	0.35	0.34	0.43	0.34	0.34	0.34	0.31	0.33
指标21	0.54	0.56	0.60	0.63	0.69	0.73	0.76	0.78	0.81	0.81	0.82	0.82	0.80	0.80	0.77	0.76	0.75	0.74	0.76	1.00
指标22	0.52	0.55	0.62	0.63	0.62	0.57	0.55	0.58	0.61	0.63	0.66	0.66	0.66	0.70	0.73	0.77	0.82	0.85	0.88	1.00

（续）

指标	1999	2000	2001	2002	2003	2004	2005	2006	2007	2008	2009	2010	2011	2012	2013	2014	2015	2016	2017	2018
指标 23	0.49	0.50	0.54	0.55	0.58	0.58	0.58	0.62	0.64	0.64	0.65	0.65	0.66	0.66	0.69	0.79	0.82	0.83	0.88	1.00
指标 24	0.45	0.48	0.53	0.55	0.58	0.59	0.59	0.62	0.65	0.67	0.71	0.67	0.67	0.71	0.71	0.73	0.79	0.82	0.84	1.00
指标 25	0.05	0.06	0.07	0.08	0.10	0.14	0.19	0.22	0.22	0.29	0.36	0.41	0.46	0.52	0.56	0.61	0.65	0.72	0.81	1.00
指标 26	0.46	0.47	0.50	0.51	0.52	0.54	0.56	0.57	0.59	0.60	0.60	0.84	0.81	0.81	0.79	0.79	0.77	1.00	0.79	0.78
指标 27	0.62	0.64	0.63	0.73	0.41	0.73	0.71	0.72	0.75	1.00	0.62	0.83	0.81	0.81	0.83	0.84	0.84	0.84	0.86	0.83
指标 28	0.61	0.60	0.66	0.67	0.69	0.69	0.69	0.72	0.75	0.76	0.76	0.73	0.79	0.80	0.74	0.78	1.00	0.86	0.88	0.84
指标 29	0.68	0.69	0.74	0.74	0.75	0.74	0.73	0.74	0.77	0.76	0.76	0.76	0.73	0.73	0.72	0.72	1.00	0.72	0.73	0.73
指标 30	0.10	0.11	0.12	0.14	0.17	0.20	0.25	0.29	0.35	0.41	0.45	0.53	0.61	0.67	0.73	0.79	0.82	0.87	0.94	1.00
指标 31	0.54	0.55	0.59	0.62	0.64	0.66	0.66	0.69	0.71	0.72	0.74	0.76	0.75	0.78	0.79	0.81	0.84	0.83	0.86	1.00
指标 32	0.35	0.36	0.38	0.37	0.38	0.42	0.45	0.47	0.49	1.00	0.60	0.82	0.78	0.76	0.75	0.73	0.71	0.71	0.73	0.72
指标 33	0.68	0.70	0.71	0.66	0.63	0.59	0.55	0.52	0.54	0.50	0.47	0.41	0.38	1.00	0.32	0.31	0.29	0.27	0.26	0.24
指标 34	0.50	0.52	0.57	0.56	0.59	0.66	0.66	0.70	0.73	0.83	1.00	0.82	0.80	0.78	0.79	0.79	0.82	0.83	0.86	0.87
指标 35	0.40	0.46	0.48	0.48	0.51	0.55	0.57	0.60	0.62	0.71	1.00	0.77	0.76	0.77	0.78	0.79	0.82	0.84	0.87	0.88
指标 36	0.60	0.61	0.66	0.64	0.66	0.73	0.73	0.76	0.79	0.83	0.79	0.74	0.71	0.68	0.70	0.69	0.70	1.00	0.72	0.71
指标 37	0.34	0.37	0.43	0.46	0.52	0.54	0.62	0.62	0.65	0.68	0.75	0.71	0.74	0.76	0.77	0.78	0.82	0.83	0.88	1.00
指标 38	0.46	0.48	0.53	0.52	0.56	0.57	0.59	0.60	0.62	0.70	0.74	0.77	0.77	0.77	0.78	0.79	0.82	0.84	0.87	1.00
指标 39	0.29	0.33	0.38	0.41	0.42	0.45	0.49	0.55	0.57	0.61	0.66	0.64	0.65	0.67	0.73	0.73	0.77	0.81	0.85	1.00
指标 40	0.68	0.70	1.00	0.68	0.66	0.66	0.63	0.65	0.67	0.51	0.55	0.41	0.39	0.37	0.36	0.34	0.37	0.42	0.43	0.43
指标 41	0.58	0.53	0.66	0.69	0.69	0.66	0.69	0.71	0.74	0.76	0.81	0.63	0.72	0.74	0.66	0.67	0.69	0.83	0.84	1.00
指标 42	0.18	0.20	0.37	0.29	0.29	0.30	0.29	0.30	0.32	0.25	0.28	0.35	0.28	0.45	0.36	0.84	0.65	0.65	0.70	1.00
指标 43	1.00	0.97	0.95	0.93	0.91	0.89	0.87	0.85	0.83	0.81	0.79	0.78	0.76	0.74	0.71	0.58	0.47	0.38	0.31	0.25
计算结果	0.46	0.47	0.52	0.52	0.53	0.54	0.55	0.56	0.59	0.60	0.64	0.61	0.61	0.63	0.62	0.63	0.64	0.68	0.68	0.70
评价结果	D_6	D_6	D_5	D_5	D_5	D_5	D_5	D_5	D_5	D_4	D_4	D_4	D_4	D_4	D_4	D_4	D_4	D_4	D_4	D_3

体发展进入协调期。具体来看，从 1999 年到 2018 年沿黄地区水资源-经济-生态结构配置逐年优化，受黄河流域水利工程开发与水资源治理工程的开展影响，黄河流域实现了从"严重失调发展"向"较高质量协调发展"的转变。具体过程如下：由于 1972—1999 年黄河曾发生 19 次断流现象，严重破坏了沿黄流域的生态平衡，2000 年随着小浪底工程调蓄开始之后，黄河的断流现象才得以停止，因此，1999—2000 年黄河流域多个省份的协调度低于 0.5，处于"严重失调发展"状态。从 2001 年开始，到 2005 年前后，各省份的水资源-经济-生态转变为"中度失调发展"状态，这是由于过度发展经济，对水资源和生态环境造成了一定影响，这也是发展中国家所面临的问题之一。从 2005 年开始到 2015 年前后，沿黄流域的多个省份水资源-经济-生态逐步得到改善，向"轻度失调发展"状态转变，说明该阶段开始重视发展经济与环境治理协调发展的治理理念。从 2015 年以后，各省份的水资源-经济-生态逐步向"协调发展"转变，尤其是党的十八大以来，国家在生态环境和水资源优化配置方面做了大量工作，出台了一系列环境保护政策。如内蒙古深入开展水污染防治和土壤污染防治工作，尤其对呼伦湖、乌梁素海和岱海水质进行了重点治理，全区生态环境得到改善；陕西 2018 年森林覆盖率达到 43.7%，生态环境状况指数比 2017 年上升 0.43，总体保持稳定；山西 2017 年全省用水总量较 2016 年减少 0.62 亿 m³，万元 GDP 用水量降低率达到 7.49%，森林覆盖率达到 20.5%；河南在大力推进污染防治，持续改善生态环境等方面开展了大量工作，其中Ⅰ～Ⅲ类水质比例总体达到 53% 以上，完成营造林 600 万亩；山东 2018 年森林覆盖率达到 20%，万元国内生产总值用水量、万元工业增加值用水量分别比 2015 年下降 18% 和 10%。2018 年仅有少数省份（山西、河南和山东）的耦合协调发展度达到"较高质量协调发展"，这可能与区域调水工程建设以及较大降水量有关。可见，在黄河流域水资源极度紧缺条件下，各省份和地区如何协调经济发展与环境保护平稳较快的发展，仍是今后的主要研究方向。

5.5 本章小结

本章详细分析了不同省份的水资源状况、经济社会发展以及生态环境变化，探讨了 5 个省份 43 个地区各指标的年际变化，最后采用模糊算法综合评价了各省份水资源开发利用与经济发展、生态环境的协调发展程度，对 20 年各省份的发展状况做了评价，得到以下主要结论：

（1）5 个省份中陕西的年降水量在 680mm 以上，而内蒙古的仅为 131mm，因此陕西的人均水资源量也比较高，5 个省份的水资源使用量在

64.7 亿~220.8 亿 m³，其中农业用水比例较高，占到了总用水量的 45%~82%。从不同地区水资源量年际变化来看，5 个省份的水资源模数均有所提高，但部分城市的水资源利用率达到了 100%，超过了当地水资源承载力，需要进一步加大节水技术的投入。

（2）5 个省份的人口密度基本稳定在一个区间，而人均 GDP 呈逐年增长趋势，其中陕西的人均 GDP 增长率最高，而山东的最低。单个城市中，郑州市 2018 年的人均 GDP 比 1999 年增长了 92.5%，增长速率最大。从各省市万元 GDP 用水量的年际变化来看，河南和内蒙古的万元 GDP 用水量均高于全国平均水平，而山东、山西和陕西比全国平均水平低 0.2%~0.6%。郑州市、呼和浩特市、济南市、太原市和西安市的工业产值模数呈较大幅度增长，2018 年比 1999 年增长 90% 以上。

（3）各省份的总污染物排放量在 8 600 万~30 209 万 t/年，且主要以工业为主（除内蒙古外），其中河南、山西和陕西的工业污染物排放量占总排放量的 51.4%、54.4% 和 40.3%，但污水处理率和回用率呈逐年升高现象，各省份的多年平均污水处理率在 50% 以上。各地区的氨氮环境承载力总体上呈下降趋势，从 1999 年到 2018 年，河南平均下降幅度达到 64.2%，内蒙古和山东平均下降幅度在 65% 左右。各省市的植被覆盖率呈明显上升趋势，其中，陕西平均植被覆盖率上升了 43.3%，比全国平均水平高 8.2%。

（4）采用模糊算法对 5 个省份 43 个指标进行综合评价后得出：从 1999 年到 2018 年黄河流域中下游水资源-经济-生态逐年优化，从"严重失调发展"逐步向"较高质量协调发展"转变，从 2001 年开始到 2005 年前后，5 省份的水资源-经济-生态得到一定改善，但仍存在较大问题，处于"中度失调发展"状态，到 2015 年前后，随着经济发展与环境治理协调发展的推进，多个省份水资源-经济-生态转变为"轻度失调发展"状态，2015 年之后，受各省市水资源与环境保护政策的影响，水资源开发利用与经济发展、生态环境转变为"协调发展"和"较高质量协调发展"状态。

6 黄河流域中下游WREE耦合协调发展模拟评价

6.1 系统动力学模型

6.1.1 系统动力学简介

系统动力学（System Dynamic，SD）由麻省理工学院 Forrester 于 1956 年提出，作为管理科学和系统科学的分支之一，集控制论、系统论和信息论的特点，从复杂系统的基本反馈结构出发，基于各个子系统间或内部各因素间的反馈关系，定性与定量结合，借助计算机模拟和专业软件，建立可以反映现实复杂的系统动态模型，揭示宏观规律和事物行为的动态关系。

系统动力学解决问题的关键是寻找各要素之间的因果关系和反馈机制，得到因果关系回路图。基于因果关系回路图，区分输入的变量的性质，得到系统存量流量图。系统存量流量图存在三种变量——水平变量、速率变量和辅助变量。水平变量是一种代表积累状态的变量，主要来源于速率变量的积累，速率变量是代表着积累水平变化快慢的变量，辅助变量则介于两者之间，承担辅助作用，由系统中其他变量计算获得。系统动力学的建模过程和步骤如图 6-1 所示。

系统动力学建模过程中，需确定研究目标、调查系统情况、收集相关数据、分析明确研究区域及存在的问题；同时，应明确系统边界，确定时间界限，分析

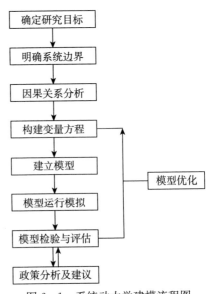

图 6-1 系统动力学建模流程图

系统基本问题和矛盾，并确定系统主要变量和辅助变量以及外界影响因子；由绘制的因果关系回路图，明确回路之间或内部的反馈耦合关系，为建立模型奠定基础；绘制系统存量流量图，建立系统变量间方程式，确定模型中的参数，反复调试系统中的方程，建立变量间的关系；建立模型，并进行仿真模拟计算，得到各变量模拟值和相关图表，发现新的问题，对系统再分析，修改与优化模型；模型的检验与评估，进行模型检验与评估，为了得到与实际系统行为模型的结构适应性和精度，尽量得到和真实系统高度一致的模型；调整模型的敏感参数，重新运行模型，得到实施不同方案后系统的响应情况，从而得到解决和改善现实系统问题的方法或建议。

本书所采用的系统动力学仿真软件为 Vensim-PLE 版，可以实现流程图绘制、方程式构建、反馈环分析、图形对比分析、表格输出等多项功能，能够得到某个变量及其影响该变量的其他变量随时间变化的比较图，多次运行，多次比较，能够清楚的得到不同变量在不同运行方案下的演化状态，便于分析和应用。同时 Vensim 软件操作简单方便，可以用中文文字来表达方程式，且数学表达式包容性强，建立方程式的操作更加简单易懂，方程式更易被接受。

6.1.2 系统边界确定

本书以黄河流域中下游 5 省份为模拟边界，模拟期为 1999—2040 年，其中 1999—2018 年为历史数据年份，2019—2040 年为模型模拟年份，时间步长为 1 年，内容分为水资源子模块、经济发展子模块、环境保护子模块，系统之间相互联系、相互制约。模型变量的选取过程见第 5 章。

6.1.3 子系统划分和模型建立

由第 5 章可知，黄河流域中下游 WREE 分为水资源、经济发展、生态环境三个子系统，分别建立各子系统模型。

（1）水资源子系统

水资源子系统主要指标包括人均水资源量、平均年降水量、年平均蒸发量、干旱指数、水资源模数、总用水量、水资源利用率、农业用水比例、工业用水比例、生活用水比例、水资源供给量模数、地下水供水比例、蓄水工程供水比例、跨流域调水比例等。其中总用水量为状态变量，水资源供给量增长率为速率变量，人均水资源量、平均年降水量、年平均蒸发量、干旱指数、水资源模数为常量，其余常量和辅助变量不一一罗列。水资源子系统流图见图 6-2。

水资源子系统主要变量及方程式见表 6-1。

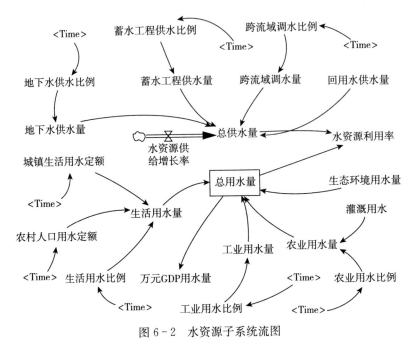

图 6-2　水资源子系统流图

表 6-1　水资源子系统主要变量及方程式

变量	主要方程式	单位
人均水资源量	人均水资源量＝水资源模数×土地面积/人口总数	m^3/人
干旱指数	干旱指数＝年平均蒸发量/平均年降水量	mm/mm
水资源利用率	水资源利用率＝总用水量/(人均水资源量×人口总数)	%
总用水量	总用水量＝农业用水量＋工业用水量＋生活用水量	m^3
水资源供给量模数	水资源供给量模数＝(地下水供水量＋蓄水工程供水量＋跨流域调水量＋回用水供水量)/土地面积	$10^6 m^3/km^2$
水资源供给量增长率	水资源供给量增长率＝(现状水资源供给量－基准年水资源供给量)/基准年水资源供给量	‰

（2）经济发展子系统

经济发展子系统主要指标包含人口密度、人均 GDP、GDP 增长率、万元 GDP 用水量、人均需水量、第一产业比例、第二产业比例、第三产业比例、城镇生活用水定额、农村生活用水定额、工业产值模数、工业总产值占 GDP 比重、人均耕地面积、耕地灌溉率、灌溉用水定额和防洪效益等。其中 GDP、总人口数为状态变量，GDP 增长率、人口增长率为速率变量，其余常量和辅助变量不一一罗列。经济发展子系统流图见图 6-3。

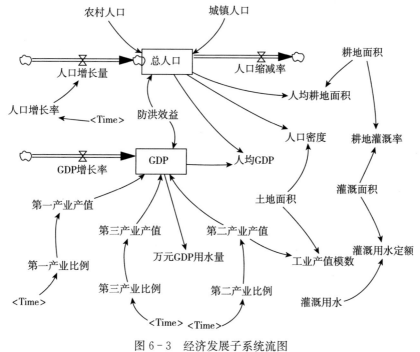

图 6-3　经济发展子系统流图

经济发展子系统主要变量及方程式见表 6-2。

表 6-2　经济发展子系统主要变量及方程式

变量	主要方程式	单位
人均 GDP	人均 GDP＝GDP/总人口	元/人
总人口	总人口＝人口密度×土地面积	人
GDP 增长率	GDP 增长率＝(现状 GDP－基准年 GDP)/基准年 GDP	%
人均需水量	人均需水量＝需水量模数×土地面积/人口总数	m³/人
工业总产值占 GDP 比重	工业总产值占 GDP 比重＝工业产值模数×土地面积/GDP	%
灌溉用水定额	灌溉用水定额＝灌溉用水/(耕地灌溉率×耕地面积)	m³/亩
耕地面积	耕地面积＝人均耕地面积×总人口	亩

(3) 生态环境子系统

生态环境子系统主要指标包括安全饮用水比例、污径比、氨氮环境承载率、工业污染排放量、农业污染排放量、生活污水排放量、植被覆盖率、污水处理率、污水回用率、水土流失强度、河道输沙量、生态环境用水率和荒漠化程度等。其中污水排放量为状态栏，其余常量和辅助变量不一一罗列。生态环境子系统流图见图6-4。

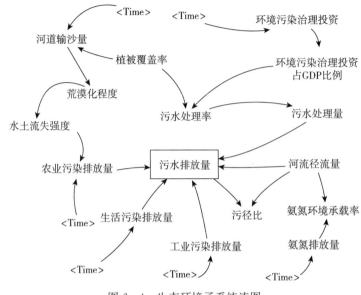

图 6-4　生态环境子系统流图

生态环境子系统主要变量及方程式见表6-3。

表 6-3　生态环境子系统主要变量及方程式

变量	主要方程式	单位
污径比	污径比＝污水排放量/河流径流量	％
污水排放量	污水排放量＝工业污染排放量＋农业污染排放量＋生活污水排放量	m^3
污水处理率	污水处理率＝污水处理量/污水排放量	％
污水处理量	污水处理量＝污水回用量＋直接排入环境的污水	m^3
污水回用量	污水回用量＝污水回用率×污水处理量	m^3

(4) 系统间关系式

1) 水资源子系统、经济发展子系统、生态环境子系统三个子系统间的指标关系如下：

· 万元 GDP 用水量＝（农业用水量＋工业用水量＋生活用水量＋生态环境用水量）/GDP　单位：m^3/万元

· 生活用水比例＝（城镇生活用水量＋农村生活用水量）/总用水量

单位:%

·工业需水量＝工业总产值×万元 GDP 需水量/（1＋重复利用率）　单位：m^3

2）经济社会子系统与生态环境子系统

·社会安全饮用水比例＝饮用卫生达标水的人口/（人口密度×土地面积）单位:%

3）生态环境子系统与水资源子系统

·水资源供给量＝地下水供水量＋蓄水工程供水量＋跨流域调水量＋污水回用量　单位：m^3

·回用水供水量＝污水回用率×直接排入环境的污水量/（1－污水回用率）单位：m^3

·水土流失强度＝河道输沙量/（输移比×土壤侵蚀模数×土地面积）单位:%

·生态环境用水率＝生态环境用水量/（水资源模数×土地面积）单位:%

根据建立的系统动力学模型及计算方程，运用 Vensim-PLE 7.3.5 绘制黄河流域中下游 WREE 的系统动力学流图，具体示意如图 6-5 所示。

6.1.4　模型模拟精度验证

WREE 预测模型建立完成后，需要检验其可靠性和精度，主要是检验模型信息反馈结构，根据选定变量的模型预测结果与参照年变量已知值进行相对误差分析，进一步调整模型反馈结构，率定模型参数，选定最优参数值，优化仿真模型。一般情况下，当模拟值与实际值之间的相对误差绝对值在 [0，10%] 区间内时，即可认为模型模拟效果较好；当其相对误差控制在 [10%，20%] 区间时，可判定其可以通过参数率定，调整参数取值改进模型；当其相对误差绝对值大于 20% 时，认为模型部分或整体存在问题，需重新调整其反馈结构，重设各变量之间的关联方程。

本书选择各省市的统计年鉴、水资源公报等政府公开资料收集的 2009—2018 年部分变量统计值作为变量已知值或变量实际值，以 2009 年作为系统仿真模拟基准年，利用其数据进行模拟，并通过模型模拟仿真后得到的模拟值与变量实际值之间的相对误差分析，进行参数率定，进而优化模型。经参数率定改进后的模型模拟预测精度检验由于指标众多，不一一列举，分别在水资源子系统、经济发展子系统和生态环境子系统内选择代表性的指标进行验证，见表 6-4。

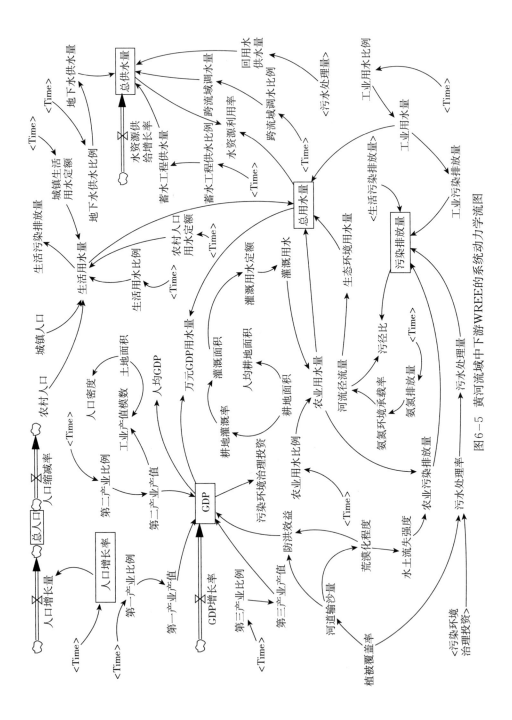

图6-5 黄河流域中下游WREE的系统动力学流图

表 6-4 WREE 模型参数精度检验（相对误差%）

年份	X12	X15	X27	X28	X31	X40
2010	−7.29	0.97	−3.64	7.65	6.08	3.28
2011	−2.91	0.97	−9.87	6.42	8.95	8.69
2012	−6.03	0.95	−9.65	6.15	6.92	4.17
2013	−7.01	0.88	−5.54	5.72	5.65	8.27
2014	−7.35	0.88	−5.68	8.25	4.13	10.97
2015	−9.83	0.89	−5.63	9.10	0.90	5.89
2016	−7.54	0.85	−5.29	8.47	3.19	3.68
2017	4.46	0.90	−5.24	8.65	1.62	4.05
2018	−2.32	0.66	−1.47	4.94	0.00	2.71

注：$X12$、$X15$、$X27$、$X28$、$X31$ 和 $X40$ 分别表示地下水供水比例、人口密度、人均耕地面积、耕地灌溉率、安全饮用水比例、水土流失强度。

根据精度检验结果，WREE 中 3 个子系统的 6 个代表变量，其精度检验除 $X40$（水土流失强度）在 2014 年的模拟值与实际值之间的相对误差绝对值为 10.97%＞10%以外，其他均满足模拟精度要求（＜10%），甚至部分变量模拟值与实际值之间的相对误差绝对值低于 5%。相较于整体而言，认为 WREE 模拟值与实际值误差分析满足精度要求。通过精度检验，认为本次构建的系统动力学模型经参数率定后，模型满足可靠性和有效性要求，可作为本书关于黄河流域中下游 WREE 预测模型，具备对各个变量模拟预测的能力。

6.2 系统动力学模型模拟预测及评价

6.2.1 模拟条件

本书以黄河流域中下游 5 省份为模拟边界，基准年为 2018 年，模拟预测期为 2019—2040 年，时间步长为 1 年。

预测和评价黄河流域中下游 WREE 耦合协调发展度的前提是指标来源的精确性和可靠性。本书所采用预测数据均来自《国家中长期科技发展规划纲要》《黄河流域综合规划》、各省份《水资源综合利用中长期规划》《国民经济和社会发展第十三个五年规划纲要》《人口发展规划》等，结合各省份发展现状及未来发展规划，对未来发展情景中所需的部分数据进行确定，具体情况如表 6-5 所示。

表 6-5　未来发展所需部分数据

省份	指标	时间		
		2020 年	2030 年	2040 年
内蒙古	用水总量（亿 m³）	60.71	66.25	72.64
	万元 GDP 用水量（m³/万元）	11.01	10.61	7.08
	灌溉面积（万亩）	5 152.00	5 735.52	6 278.34
	工业用水重复利用率（%）	68.75	71.00	72.49
	需水量（亿 m³）	15.03	18.75	21.38
陕西	用水总量（亿 m³）	127.33	135.06	138.98
	万元 GDP 用水量（m³/万元）	7.35	6.18	5.32
	灌溉面积（万亩）	4 468.00	4 875.00	5 234.00
	工业用水重复利用率（%）	83.00	90.00	94.00
	需水量（亿 m³）	30.68	35.87	39.62
山西	用水总量（亿 m³）	164.48	172.32	181.38
	万元 GDP 用水量（m³/万元）	7.56	6.77	6.22
	灌溉面积（万亩）	5 372.00	5 742.00	6 038.00
	工业用水重复利用率（%）	89.00	91.00	92.00
	需水量（亿 m³）	27.86	32.48	35.83
河南	用水总量（亿 m³）	282.12	314.03	351.21
	万元 GDP 用水量（m³/万元）	45.13	40.66	35.17
	灌溉面积（万亩）	7 860.00	8 239.00	8 574.00
	工业用水重复利用率（%）	95.00	97.00	98.00
	需水量（亿 m³）	33.72	40.84	45.37
山东	需水量（亿 m³）	33.72	40.84	45.37
	用水总量（亿 m³）	248.93	271.66	297.86
	万元 GDP 用水量（m³/万元）	33.14	29.86	25.83
	灌溉面积（万亩）	6 833.70	7 607.70	8 327.70
	工业用水重复利用率（%）	82.80	85.50	87.30
	需水量（亿 m³）	31.60	38.91	46.50

6.2.2　黄河流域中下游 WREE 耦合发展模拟情景

现拟定 5 省份 4 种未来发展情景，分别展开介绍。

（1）内蒙古 4 种不同未来发展情景

情景 1（现状）：保持现有发展模拟和状态，维持各指标值不变（污水处理水平、废水排放占比、用水定额等)。

情景2：改进生产工艺，提供能源高效利用技术水平，降低能源消耗，改进农业种植技术，降低农业农药化肥使用量。其中，2020年、2030年和2040年万元GDP用水量分别达到49.17m³、34.43m³和24.11m³；工业用水重复率分别达到68.75%、71.00%和75.49%；农业污染量在现状年水平的基础上以年1%降低。

情景3：加强污废水收集处理力度，改善生态环境，通过提高城镇污水处理率，开展污废水减排工作，同时，通过植树造林和退耕还林等措施提高森林覆盖率。对此，在基准年的基础上，2020年、2030年和2040年污水处理率分别达到69.79%、72.73%和78.47%；污水排放量下降2%、10%和20%；植被覆盖率提高到55.22%、61.35%和71.58%。

情景4(综合情景)：综合情景2和情景3的所有发展措施，如改进工艺、节能减排、治污减污、加强生态环境保护等措施同时实施。

(2) 陕西4种不同未来发展情景

情景1(现状)：保持现有发展模拟和状态，维持各指标值不变(污水处理水平、废水排放占比、用水定额等)。

情景2：改进生产工艺，提供能源高效利用技术水平，降低能源消耗，改进农业种植技术，降低农业农药化肥使用量。其中，2020年、2030年和2040年万元GDP用水量分别达到28.18m³、21.70m³和16.71m³；工业用水重复率分别达到92%、95%和98%；农业污染量在现状年水平的基础上以年1%降低。

情景3：加强污废水收集处理力度，改善生态环境，通过提高城镇污水处理率，开展污废水减排工作，同时，通过植树造林和退耕还林等措施提高森林覆盖率。对此，在基准年的基础上，2020年、2030年和2040年污水处理率分别达到96%、96%和100%；污水排放量下降2%、10%和20%；植被覆盖率提高到27%、30%和40%。

情景4(综合情景)：综合情景2和情景3的所有发展措施，如改进工艺、节能减排、治污减污、加强生态环境保护等措施同时实施。

(3) 山西4种不同未来发展情景

情景1(现状)：保持现有发展模拟和状态，维持各指标值不变(污水处理水平、废水排放占比、用水定额等)。

情景2：改进生产工艺，提供能源高效利用技术水平，降低能源消耗，改进农业种植技术，降低农业农药化肥使用量。其中，2020年、2030年和2040年万元GDP用水量分别达到48.94m³、34.27m³和24.00m³；工业用水重复率分别达到92%、95%和98%；农业污染量在现状年水平的基础上以年

1%降低。

情景 3：加强污废水收集处理力度，改善生态环境，通过提高城镇污水处理率，开展污废水减排工作，同时，通过植树造林和退耕还林等措施提高森林覆盖率。对此，在基准年的基础上，2020 年、2030 年和 2040 年污水处理率分别达到 96%、99% 和 100%；污水排放量下降 2%、10% 和 20%；植被覆盖率提高到 28%、33% 和 40%。

情景 4（综合情景）：综合情景 2 和情景 3 的所有发展措施，如改进工艺、节能减排、治污减污、加强生态环境保护等措施同时实施。

（4）河南 4 种不同未来发展情景

情景 1（现状）：保持现有发展模拟和状态，维持各指标值不变（污水处理水平、废水排放占比、用水定额等）。

情景 2：改进生产工艺，提供能源高效利用技术水平，降低能源消耗，改进农业种植技术，降低农业农药化肥使用量。其中，2020 年、2030 年和 2040 年万元 GDP 用水量分别达到 45.60m³、32.54m³ 和 18.44m³；工业用水重复率分别达到 92%、95% 和 98%；农业污染量在现状年水平的基础上以年 1%降低。

情景 3：加强污废水收集处理力度，改善生态环境，通过提高城镇污水处理率，开展污废水减排工作，同时，通过植树造林和退耕还林等措施提高森林覆盖率。对此，在基准年的基础上，2020 年、2030 年和 2040 年污水处理率分别达到 96%、99% 和 100%；污水排放量下降 2%、10% 和 20%；植被覆盖率提高到 27%、32% 和 40%。

情景 4（综合情景）：综合情景 2 和情景 3 的所有发展措施，如改进工艺、节能减排、治污减污、加强生态环境保护等措施同时实施。

（5）山东 4 种不同未来发展情景

情景 1（现状）：保持现有发展模拟和状态，维持各指标值不变（污水处理水平、废水排放占比、用水定额等）。

情景 2：改进生产工艺，提供能源高效利用技术水平，降低能源消耗，改进农业种植技术，降低农业农药化肥使用量。其中，2020 年、2030 年和 2040 年万元 GDP 用水量分别达到 34.75m³、24.34m³ 和 17.04m³；工业用水重复率分别达到 92%、95% 和 98%；农业污染量在现状年水平的基础上以年 1%降低。

情景 3：加强污废水收集处理力度，改善生态环境，通过提高城镇污水处理率，开展污废水减排工作，同时，通过植树造林和退耕还林等措施提高森林覆盖率。对此，在基准年的基础上，2020 年、2030 年和 2040 年污水处理率分别达到 96%、99% 和 100%；污水排放量下降 2%、10% 和 20%；植被覆盖率提高到 27%、30% 和 40%。

情景 4（综合情景）：综合情景 2 和情景 3 的所有发展措施，如改进工艺、节能减排、治污减污、加强生态环境保护等措施同时实施。

6.2.3 黄河流域中下游 WREE 协调发展模拟预测评价结果分析

根据设定的未来发展情景，利用率定的系统动力学模型（Vensim 软件）对未来发展情景下各指标值进行预测。在黄河中下游 5 省份 2020 年、2030年、2040 年未来 4 情境下指标预测的基础上，利用第 4 章构建的指标体系和第 5 章提出的 WREE 耦合协调发展度评价模型及其评价标准对未来 4 种情景下 WREE 耦合协调发展度进行评价，5 省份具体评价结果如表 6-6 至表 6-10 所示，未来 4 种情景下 WREE 耦合协调发展度见图 6-6 至图 6-9。

表 6-6　内蒙古未来 4 种情景下 WREE 耦合协调发展度变化情况

未来情景	2020		2030		2040	
	计算值	评价结果	计算值	评价结果	计算值	评价结果
情景 1	0.715	D_3	0.708	D_3	0.683	D_4
情景 2	0.716	D_3	0.752	D_3	0.874	D_2
情景 3	0.718	D_3	0.778	D_3	0.892	D_2
情景 4	0.721	D_3	0.811	D_2	0.923	D_1

注：高质量协调发展（$0.9 \leqslant D_1 \leqslant 1.0$）、较高质量协调发展（$0.8 \leqslant D_2 < 0.9$）、协调发展（$0.7 \leqslant D_3 < 0.8$）、轻度失调发展（$0.6 \leqslant D_4 < 0.7$）、中度失调发展（$0.4 \leqslant D_5 < 0.6$）和严重失调发展（$D_6 < 0.4$）。

表 6-7　陕西未来 4 种情景下 WREE 耦合协调发展度变化情况

未来情景	2020		2030		2040	
	计算值	评价结果	计算值	评价结果	计算值	评价结果
情景 1	0.705	D_3	0.682	D_4	0.653	D_4
情景 2	0.719	D_3	0.743	D_3	0.885	D_2
情景 3	0.727	D_3	0.781	D_3	0.893	D_2
情景 4	0.732	D_3	0.809	D_2	0.914	D_1

注：高质量协调发展（$0.9 \leqslant D_1 \leqslant 1.0$）、较高质量协调发展（$0.8 \leqslant D_2 < 0.9$）、协调发展（$0.7 \leqslant D_3 < 0.8$）、轻度失调发展（$0.6 \leqslant D_4 < 0.7$）、中度失调发展（$0.4 \leqslant D_5 < 0.6$）和严重失调发展（$D_6 < 0.4$）。

表 6－8　山西未来 4 种情景下 WREE 耦合协调发展度变化情况

未来情景	2020		2030		2040	
	计算值	评价结果	计算值	评价结果	计算值	评价结果
情景 1	0.697	D_4	0.691	D_4	0.672	D_4
情景 2	0.726	D_3	0.759	D_3	0.822	D_2
情景 3	0.733	D_3	0.779	D_3	0.856	D_2
情景 4	0.748	D_3	0.806	D_2	0.918	D_1

注：高质量协调发展（$0.9 \leqslant D_1 \leqslant 1.0$）、较高质量协调发展（$0.8 \leqslant D_2 < 0.9$）、协调发展（$0.7 \leqslant D_3 < 0.8$）、轻度失调发展（$0.6 \leqslant D_4 < 0.7$）、中度失调发展（$0.4 \leqslant D_5 < 0.6$）和严重失调发展（$D_6 < 0.4$）。

表 6－9　河南未来 4 种情景下 WREE 耦合协调发展度变化情况

未来情景	2020		2030		2040	
	计算值	评价结果	计算值	评价结果	计算值	评价结果
情景 1	0.707	D_3	0.694	D_4	0.678	D_4
情景 2	0.711	D_3	0.742	D_3	0.825	D_2
情景 3	0.729	D_3	0.781	D_3	0.861	D_2
情景 4	0.743	D_3	0.846	D_2	0.927	D_1

注：高质量协调发展（$0.9 \leqslant D_1 \leqslant 1.0$）、较高质量协调发展（$0.8 \leqslant D_2 < 0.9$）、协调发展（$0.7 \leqslant D_3 < 0.8$）、轻度失调发展（$0.6 \leqslant D_4 < 0.7$）、中度失调发展（$0.4 \leqslant D_5 < 0.6$）和严重失调发展（$D_6 < 0.4$）。

表 6－10　山东未来 4 种情景下 WREE 耦合协调发展度变化情况

未来情景	2020		2030		2040	
	计算值	评价结果	计算值	评价结果	计算值	评价结果
情景 1	0.718	D_3	0.705	D_3	0.689	D_4
情景 2	0.727	D_3	0.752	D_3	0.867	D_2
情景 3	0.731	D_3	0.791	D_3	0.895	D_2
情景 4	0.751	D_3	0.835	D_2	0.934	D_1

注：高质量协调发展（$0.9 \leqslant D_1 \leqslant 1.0$）、较高质量协调发展（$0.8 \leqslant D_2 < 0.9$）、协调发展（$0.7 \leqslant D_3 < 0.8$）、轻度失调发展（$0.6 \leqslant D_4 < 0.7$）、中度失调发展（$0.4 \leqslant D_5 < 0.6$）和严重失调发展（$D_6 < 0.4$）。

从表 6－6 至表 6－10 可以看出，在维持现有发展程度下（即情景 1，仅改变人口和 GDP 值），随着人口的增加和 GDP 的发展，侧重发展经济，忽略水资源-经济-生态耦合协调发展，各省份 WREE 耦合协调发展度的程度逐渐降低，也就是水资源-经济-生态之间的耦合协调发展程度越来越低，不利于整个社会的综合发展。其中陕西、山西和河南在 2030 年已处于"轻度失调发展"状态，5 省份在 2040 年全部处于"轻度失调发展"状态。为了黄河流域中下游水资源-经济-生态的高质量发展，经济、环保、生态措施势在必行。

针对情景 2 的状况，2020 年各省处于"协调发展"状态，但是耦合协调发展度较低，达到 0.711～0.727。随着设定措施的实施，到 2030 年，各省份依旧处于"协调发展"状态，但是 WREE 耦合协调发展度已经达到 0.742～0.759；随着设定措施的继续实施，到 2040 年，耦合协调发展度又有所提升（0.822～0.885），达到"较高质量协调发展"状态。

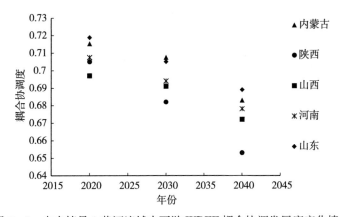

图 6-6 未来情景 1 黄河流域中下游 WREE 耦合协调发展度变化情况

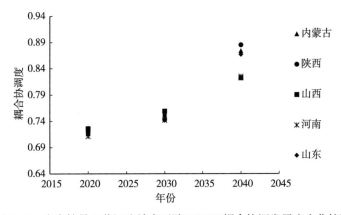

图 6-7 未来情景 2 黄河流域中下游 WREE 耦合协调发展度变化情况

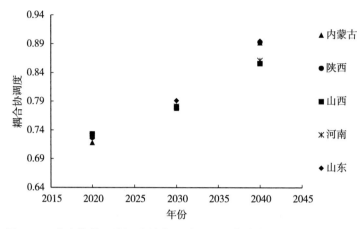

图 6-8　未来情景 3 黄河流域中下游 WREE 耦合协调发展度变化情况

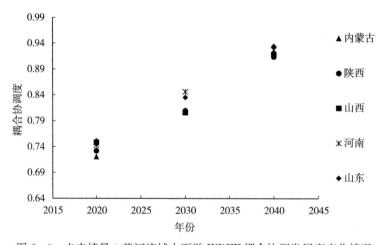

图 6-9　未来情景 4 黄河流域中下游 WREE 耦合协调发展度变化情况

　　针对情景 3 的状况，2020 年各省处于"协调发展"状态，耦合协调发展度较情景 2 有一定提升，但仍处于较低的水平（0.718～0.733）。随着设定措施的实施和推进，到 2030 年，WREE 耦合协调发展度已经提升到 0.778～0.791，处于"协调发展"状态；随着设定措施的继续实施，到 2040 年，耦合协调发展度又有所提升（0.856～0.895），达到"较高质量协调发展"状态。

　　针对情景 4 的状况，也就是采取情景 2 和情景 3 的综合措施，2020 年，WREE 耦合协调发展度较前面 3 个情景有较高幅度的改善，已达到 0.721～0.751，处于"协调发展"状态；随着设定措施的持续实施和推进，到

2030 年，耦合协调发展度进一步调高，WREE 耦合协调发展度已达到
0.806～0.846，处于"较高质量协调发展"状态；到 2040 年，耦合协调发展
度得到大幅度提高，已达到 0.914～0.934，即"高质量协调发展"，实现了黄
河流域中下游水资源-经济-生态的高质量协调发展。

6.3 黄河流域中下游水资源-经济-生态耦合协调发展对策建议

根据本书对 WREE 耦合协调发展的内涵分析，黄河流域中下游 WREE 要
取得协调发展，协调是前提，发展是目的。保障经济社会、生态环境协调发展
的水资源可持续利用或有限水资源的最优配置和利用，能为政策的有效选择以
及政策方案的制订提供分析工具与判别依据。

6.3.1 水资源方面

(1) 流域内优化用水结构，实施严格的节水

坚持"以水定城、以水定地、以水定人、以水定产"原则，推动用水方式
由粗放向节约集约转变，合理配置和高效利用水资源，严格把可利用的水资源
作为经济社会发展的刚性约束条件，限制高耗水产业发展，提高水资源的承载
力。农业节水方面，重视工程措施与管理措施，一是加大灌区续建与配套节水
改造力度，提高灌溉水利用系数，发展管灌、喷灌、滴灌等高效节水灌溉；二
是调整农业种植结构，减少耗水大的作物种植面积，发展旱作雨养农业；三是
创新用水管理，明确水权，采用水价管理等综合措施促进农业节水。根据前文
设定的情景 2 评价结果可以看出，通过改进生产工艺，提供能源高效利用技术
水平，提高工业用水重复率，改进农业种植技术，能够明显改善 WREE 耦合
协调发展状况。

**(2) 继续做好黄土高原的水土保持，采用工程、生物和管理措施，减少入
黄泥沙和黄河下游的冲沙水量**

黄河水少沙多，下游河床泥沙淤积，影响防洪安全。黄土高原水土流失是
入黄泥沙的主要成因，现有的水土保持措施效果较差，黄土高原地区水土流失
依然较为严重，威胁黄河流域生态安全，制约当地社会经济可持续发展，确保
黄河生态安全任务还十分繁重，需要坚持不懈地巩固和实施水土保持和沟壑治
理工程，控制入黄泥沙，缓解黄河"水少沙多"的矛盾。

(3) 跨流域调水，尽早实施南水北调西线工程

缺水是黄河流域和相关地区经济社会可持续发展的最大制约因素，从外流
域调水，实施南水北调西线工程是解决缺水的根本和可行的途径。建议抓紧开

展西线调水工程的前期工作，优化设计方案，为尽早实施创造条件，建成后为黄河流域高质量发展提供水源保障。

6.3.2 经济发展方面

（1）合理功能定位，推动省份互动互联

推进省份间互动互联发展，流域各省份及中心城市处理好与其他省份的关系；根据自身特点，发展优势产业，使经济结构更为合理。同时，增强郑州、西安等国家级中心城市的龙头和重心作用，推动城市间协调发展，增强经济发展影响力。

（2）科学谋划产业结构调整和布局

根据黄河流域中下游的地域特征、区位优势和产业发展战略，科学谋划产业发展空间布局的调整。建议在流域产业布局进行优化时，结合黄河中下游流域内各省份城市的突出特点。

（3）大力发展循环经济

黄河流域中下游经济发展总体处于工业化中期阶段，一些污染较重的行业，未来一段时间内还将是主导产业。建议未来一定注重经济、社会与环境的协调发展，在流域内大力发展循环经济，积极开展循环经济试点示范。

6.3.3 生态环境方面

（1）积极创建生态城镇

促进城镇建设、城镇化与环境保护同步规划、建设与发展。依托城镇河流、渠道、道路，结合水源地、湿地和生态隔离带建设合理布局城市生态网络，推动城镇生态建设由平面向立体转变，提高城镇绿地和水面覆盖率，增强城镇生态系统的自我调节能力。

（2）加快生态环境基础设施建设

积极推进城镇污水处理厂建设工程，加快城镇污水处理厂配套管网建设或实施雨污分流改造，加大污废水收集处理力度，提高污水收集率和污水处理厂负荷率；提升城镇污水处理设施运营监管。根据情景3模拟结果可以看出，通过提高污水处理率和污水回用量，实现对废污水排放的有效控制或处理，能够明显改善WREE耦合协调发展状况。

（3）加强流域整体协调发展规划

建议黄河流域中下游在充分考虑水资源、水环境总量控制的基础上，统一考虑流域内的土地利用、能源规划、交通布局、环境保护、社会公共服务，处理好流域整体、流域内城市之间的关系，通过情景分析和政策模拟等实现动态管理。

6.4 本章小结

本章从黄河流域中下游水资源、经济发展、生态环境的发展特点出发，以实现黄河流域中下游水资源节约发展、环境保护与经济协调发展为目标，建立水资源-经济-生态演化模型，以黄河流域中下游 5 省份为模拟边界，模拟期为 1999—2040 年，其中 1999—2018 年为历史数据年份（用于检验模型），2019—2040 年为模型模拟年份，时间步长为 1 年，内容分为水资源子模块、经济发展子模块、生态环境子模块。通过设定黄河流域中下游未来 4 种水资源-经济-生态对比情景，模拟得到未来 4 种情景下的 WREE 耦合协调发展度。具体结论如下：

（1）在维持现有发展程度下（即情景 1，仅改变人口和 GDP 值），随着人口的增加和 GDP 的发展，侧重发展经济，忽略水资源-经济-生态耦合协调发展，各省份 WREE 耦合协调发展度的程度逐渐降低，也就是水资源-经济-生态之间的耦合协调发展程度越来越低，不利于整个社会的综合发展。其中陕西、山西和河南在 2030 年已处于"轻度失调发展"状态，5 省份在 2040 年全部处于"轻度失调发展"状态。为了黄河流域中下游水资源-经济-生态的高质量发展，经济、环保、生态措施势在必行。

（2）针对情景 2 的状况，2020 年各省处于"协调发展"状态，但是耦合协调发展度较低，仅为 0.711～0.727。随着设定措施的实施，到 2030 年，各省份依旧处于"协调发展"状态，但是 WREE 耦合协调发展度已经达到 0.742～0.759；随着设定措施的继续实施，到 2040 年，耦合协调发展度又有所提升（0.822～0.885），达到"较高质量协调发展"状态。

（3）针对情景 3 的状况，2020 年各省处于"协调发展"状态，耦合协调发展度较情景 2 有一定提升，但仍处于较低的水平（0.718～0.733）。随着设定措施的实施和推进，到 2030 年，WREE 耦合协调发展度已经提升到 0.778～0.791，仍处于"协调发展"状态；随着设定措施的继续实施，到 2040 年，耦合协调发展度又有所提升（0.856～0.895），达到"较高质量协调发展"状态。

（4）针对情景 4 的状况，也就是采取情景 2 和情景 3 的综合措施，2020 年，WREE 耦合协调发展度较前几个情景有较高幅度的改善，已经达到 0.721～0.751，处于"协调发展"状态；随着设定措施的持续实施和推进，到 2030 年，耦合协调发展度进一步提高，WREE 耦合协调发展度已经达到 0.806～0.846，处于"较高质量协调发展"状态；到 2040 年，耦合协调发展度得到大幅度提高，达到 0.914～0.934，即"高质量协调发展"，实现黄河流域中下游水资源-经济-生态的高质量协调发展。

7 黄河中下游WREE耦合协调发展应用
——以东平县为例

7.1 研究区概况

7.1.1 自然环境概况

7.1.1.1 东平县地理位置

东平县位于山东省西南部，位于北纬 $35°46'24''$—$36°10'20''$，东经 $116°02'52''$—$116°39'44''$之间，东与肥城市毗邻，南与汶上县、梁山县接壤，西部隔黄河与东阿县、阳谷县，与河南省台前县相望，北与平阴县搭界，东平县土地总面积 1 340km²，境内拥有山地、丘陵、平原、洼地、湖泊、河流等多种地貌类型。

7.1.1.2 地形地貌

东平县地势东高西低，北高南低，是山东省泰安市最低处，也是泰安市地表水汇流排泄区。东平县北部和东北部为山丘区，地形变化较大，最高处是北部旧县乡的老婆山，山顶海拔451m，山体成南北走向，山间盆地、沟谷及洼地相间分布。大汶河南为冲积平原，地形平坦，自东北向西南倾斜，地形高程由50.7m降至37.0m，坡度为万分之五；西南为湖滨洼地，是黄河冲积平原的一部分，地面排水沟纵横，芦苇丛生；西部是东平湖，水面辽阔，老湖区湖底最低处高程为36.5～38.6m（85国家高程基准）。

7.1.1.3 气象水文

东平县属温带季风型大陆性气候，四季分明。春季（3—5月），冷暖气团对峙，盛行东南风，气候干燥，回暖迅速；夏季（6—8月），炎热多雨，高温高湿，降水集中，常有暴雨涝灾；秋季（9—11月）气温迅速下降，降水减少，云淡风轻，日照充足；冬季（12月至翌年2月），盛行偏北风，气压高，温度低，气候干燥。多年平均气温13.5℃，极端最高气温41.7℃（1966年7月19日），极端最低气温达－17.5℃（1975年1月2日），气温平均日较差

9～13℃。结冰期 50d 左右，平均无霜期 200d 左右。多年平均降水量为 606mm，年际降水量悬殊，最大年降水量达 1 395mm（1964 年），最小年降水量只有 262mm（1966 年）。年内降水的时空分布也不均匀，一般 7～8 月份的降水量占全年降水量的 50％以上。多年平均蒸发量 2 089mm，为年降水量的 3 倍，最大蒸发量发生在 6 月，最小出现在 12 月。因此，造成该地区春旱夏涝、旱涝交替的气候特点，旱灾平均三年一次，涝灾平均三年二次。据历史资料记载，大汶河（临汶站）1918 年曾发生 10 300m³/s 的大洪水，7 000m³/s 以上洪水发生多次。实测戴村坝站最大洪峰流量 1964 年为 6 930m³/s，从上游临汶站至戴村坝站，洪水传递时间仅为 8～10h。

7.1.1.4 河流水系

（1）河流

东平县横跨黄淮两大水系：大汶河以北及东平湖一级湖区为黄河流域，大汶河以南平原区及东平湖二级湖区为淮河流域梁济运河区；境内共有中小型河流 22 条，主要有黄河、大汶河、汇河、金线河等。大汶河自东向西横贯全县，境内全长 53km；汇河是大汶河下游最大的一条支流，发源于泰安市郊区西部，是平阴县、肥城市和东平县的骨干排洪河道，在戴村坝汇入大汶河，境内长 24.4km。东平县河流总水面 35.28km²，约占全县总面积的 2.6％。

大汶河流域根据水流方向和汇集区域的不同又分为汇河区、稻屯洼区和东平湖一级湖区。大汶河戴村坝以下干流又称大清河，为东平湖蓄滞洪区回水段。大汶河来水量年际丰枯变化较大，年内水量分布极不均匀，汛期 6～9 月占总径流量的 83％，且洪水期水量高度集中。2000 年以后多年平均来水量无明显趋势性变化。戴村坝站 1952—1999 年平均输沙量为 125 万 t，其中汛期（6—9 月）占年总量的 99％，2000 年以后来沙量显著减少。

1980 年以前，大汶河河道无明显趋势性冲刷或淤积；此后，河床不断下切，引起河床变化的主要原因是河道采砂。从 2010 年开始，大汶河采砂全线禁止，2010—2030 年大汶河河道冲淤将基本平衡。

（2）湖泊、水库

东平湖是黄河下游仅有的一个天然湖泊，也是山东省第二大淡水湖。东平湖位于东经 116°2′—116°20′，北纬 35°43′—36°7′之间，地处山东梁山县、东平县和平阴县交界处，北临黄河，东依群山，东有大汶河来汇，西有京杭大运河傍湖直接入黄。西南距黄河三门峡枢纽 585km，东北距黄河入海口 364km。湖底西北高，东南低，最低高程 36.70m（85 国家高程基准）。总面积 627km²（原水库面积为 632km²，大运河穿黄改线后，水库总面积减少 5km²），其中老湖区（常年有水）208km²，全部在东平县境内。

东平县境内共有小型水库 50 座，其中小（Ⅰ）型水库 3 座，分别为柿子园水库、西沟流水库和石龙口水库；小（Ⅱ）型水库 47 座，分布在东平镇、接山镇、大羊镇、老湖镇、梯门镇、旧县乡 6 个乡镇、街道，其中东平街道 3 座、接山镇 10 座、大羊镇 13 座、梯门镇 18 座、老湖镇 1 座、旧县乡 2 座；塘坝 100 座。这些水库在防洪、灌溉、改善水环境等方面发挥着很大的经济效益、环境效益和社会效益，对保障人民生命财产安全起着重要作用。

7.1.1.5　水文地质

东平县地下水主要是第四系松散堆积物孔隙水、碳酸盐岩类裂隙-岩溶水、少量变质岩风化裂隙水和孔隙承压水。第四系含水砂层由蛇曲带的砂土、沙壤土等组成，分布广泛、厚度大（3～6m）、透水性好、水量丰富，流向自北西向南东，是东平县重要的含水层之一。孔隙潜水主要是大汶河、黄河冲洪积物中的孔隙水，分布于大汶河南平原区、新潮区、大汶河北宿城、汇河两岸的大羊、接山一带，以及黄河沿岸各乡镇。

基岩裂隙水赋存于太谷界变质岩中，主要分布在银山半封闭洼地的冲积湖积层以上，面积极小，地下水埋藏很浅（约 1m 左右），水量受构造与地貌条件控制，可以解决当地人畜用水。孔隙承压水埋藏于更新统的冲积砂层内，分布不广，含水层主要由砂土组成，厚度 3～20m。上部有黏土组成的隔水顶板，隔水顶板被河道切穿和潜水有水力联系。

7.1.2　社会经济概况

东平县地处山东省西南部，面积 1 343km^2，耕地面积 94 万亩，辖 14 个乡镇、街道，716 个行政村。2012 年，东平县生产总值 270 亿元，农民人均纯收入 8 432 元，城镇居民人均可支配收入 18 014 元，同比增长 13%。

东平县自然资源丰富。全县共有自然、人文景观 400 余处。矿产资源主要有金、铁、煤、大理石、石灰岩等，现已探明铁矿石储量超过 10 亿 t、优质煤储量 4.7 亿 t、优质水泥石灰岩储量 330 亿 t。境内东平湖总面积 626km^2，常年水面 208km^2，是黄河下游唯一重要蓄滞洪区、国家南水北调东线工程和京杭运河复航重要枢纽，也是八百里水泊唯一遗存水域，为"美丽中国"十佳旅游景区、国家水利风景区，着力打造山东省山水圣人文化体验地、生态保护重要屏障、绿色发展样板区。

7.1.3　生态环境概况

东平湖是东平县的汇流出口区，在一定程度上能够反映东平县的生态环境状况。因此，针对东平湖的生态环境概况进行介绍。

（1）水质状况

根据东平县环保局 2012—2014 年的监测资料，大清河戴村坝和流泽断面水质均可满足Ⅲ类标准，王台大桥断面除 2014 年汛期 COD 超标，超标倍数为 0.02。其余年份和指标均满足Ⅲ类水质标准。2012 年东平湖水质类别为劣Ⅴ类，超标因子为 TN，最大超标倍数为 1.27；2013 年东平湖水质类别为Ⅴ类，超标因子为 TN 和 TP，最大超标倍数分别为 0.72 和 0.18；2014 年东平湖水质类别为Ⅳ类，超标因子为 TP，超标倍数为 0.28。总体来说由于南水北调东线一期工程运行，上游各地市逐步建立污水处理厂并投入运行，大力实施工业结构调整，强化清洁生产，东平湖湖区内也建立了人工湿地，净化入湖水质，大清河沿线污染得到有效治理，入湖水质得到改善，东平湖水体质量趋于好转。

山东省淡水渔业研究院连续多年监测数据显示：东平湖 TN 在 2006—2013 年全部超过地表水环境质量Ⅲ类标准，超标率为 100%，Ⅳ类超标率 71%，Ⅴ类超标率 29%；其中 2013 年监测值最高，平均值达 3.24mg/L。COD_{Mn} 在 2006—2008 年、2010 年及 2011 年呈增长趋势，且 2010 年和 2011 年间增幅较大。整体年平均值高于 4.50mg/L，接近地表水环境质量Ⅳ类标准。TP 整体呈下降趋势，中间几年虽然出现波动，但均低于 2006 年。

根据生态环境部发布的 2018 年《中国生态环境状况公报》中显示，2018 年东平湖水质为Ⅲ类，综合营养状态指数约为 49，营养状态为中营养。

（2）水生生物状况

水生生物作为湖泊生态系统的重要组成部分，其生长发育、种群结构等受水环境状况影响，同时其对整个生态系统的正常运行也起着不可或缺的作用，更可以反映湖泊环境变化，故水生生物与湖泊环境相互影响，共同构成了湖泊生态系统。通过对东平湖（老湖区）资料进行调查分析，发现在 20 世纪初期，水生生物种类繁多，包括浮游动物、底栖动物、浮游植物、沉水植物等多种水生生物，同时也是重要的淡水鱼类养殖区。但近些年随着环境的改变和水质的恶化，其水体整体属于Ⅲ类水，各类水生生物种类均呈下降趋势[170]。

浮游动物是指悬浮于水中不具有游泳能力或较弱的水生动物，其通过吃浮游植物、细菌及有机碎屑维持生存，自身又被高等水生动物捕食，对湖泊生态健康有着明显的响应[171]。东平湖现存浮游动物由 20 世纪末的 113 种降为如今的 4 类 79 种（属），其群落结构受季节变化的影响，整体呈夏季分布较为密集，冬季较为稀疏的特点。底栖动物也由之前的 3 门 31 种降为如今的 16 种，其中有软体动物 7 种，寡毛类 6 种，昆虫类 2 种和甲壳类 1 种，其群落结构也受季节影响，但与浮游动物不同，其在春季分布较为密集[172]。鱼类作为水域生态系统中较易观察的部分，对水系分布、温度、水质条件等较为敏感，故在湖泊生态系统的健康评价之中，鱼类多被作为指示物种。东平湖现存 50 余种名贵淡水鱼类及部分贝类，调查显示，东平湖现存鱼类对水深的需求一般为0.5~1.5m，在产卵期则需要1.0~1.5m。东平湖老湖枯水期水位39~40m，湖水深1~2m，最深3.5m，是一个浅水营养丰富的淡水湖泊，水生资源丰富。

东平湖具有浮游植物、挺水植物、沉水植物三种水生植物，其中浮游植物种类为76属，未发生较大变化，多分布于深1.0m左右的水域，其受水质状况影响较大；沉水植物则主要以马来眼子菜和金鱼藻两种为主，在深2.0m左右的水域生存；而挺水植物则仅余芦苇，以0.25~1.0m左右的湖岸带为主要分布区，东平湖的水生植物种类逐渐减少，成单一化趋势发展。

7.1.4 南水北调东线工程情况

南水北调东线工程是解决我国华北地区缺水问题的关键措施之一。该工程从长江逐级提水北上，经洪泽湖、骆马湖、南四湖，由梁济运河到东平湖。出东平湖后分两路输水，一路在位山附近穿过黄河，向黄河以北供水；另一路向东，通过济平干渠到济南，再输水到胶东地区。南水北调东线工程未对东平县供水，只是从东平湖穿过，原则上进出水量保持不变，采用动态平衡的方式，但是对泰安市有供水指标，2018年约供水1 900万 m^3。

南水北调东线一期工程进入东平湖流量100 m^3/s，穿越东平湖蓄滞洪区的主要建设项目包括邓楼泵站枢纽、邓楼船闸、流长河输水河道、八里湾泵站枢纽、八里湾船闸及陈山口渠首闸、玉斑堤渠首闸以及老湖区航道、码头等工程。从2013年开始调水，截至2019年7月7日，八里湾泵站累计进水量为71 208.34万 m^3；穿黄干渠渠首闸累计出水量16 209.77 m^3，济平干渠渠首闸累计出水量62 942.92万 m^3，出湖合计为79 152.69万 m^3；出湖量比入湖量多7 944.35万 m^3。

7.2 主要数据及其来源

7.2.1 现状数据及来源

(1) 东平县区划组成

东平县，是山东省泰安市的一个县，位于鲁西南，西临黄河，东望泰山，全县设有州城街道、东平街道、接山镇、大羊镇、梯门镇、老湖镇、旧县乡、斑鸠店镇、银山镇、戴庙镇、商老庄乡、新湖镇、沙河站镇、彭集街道等14个乡镇、街道，下辖716个村。东平县城市化稳步推进，2018年全县城镇化率达到44.48%。

(2) 人口

依据《泰安市统计年鉴2019》，2018年东平县人口保持增长趋势，总人口为 81.32 万人,其中常住人口为 76.26 万人;乡村人口为 47.04 万人,城镇人口为 34.28 万人。东平县新生儿出生率为 13.66‰,年内死亡率为 8.01‰,年内自然增长率为 5.65‰,人口密度达到 606.8 人/km²。目前,东平县全县人口性别发展趋势良好。2018 年全县男性人口数量占总人口数量的 50.7%,女性人口占 49.3%,男女比例仍接近 1:1。

(3) 经济社会发展

根据《2018 年东平县国民经济和社会发展统计公报》中的相关数据可知,2018 年东平县全年 GDP 总量达到 405.99 亿元,根据可比价值理论分析计算,相较于 2017 年上涨 5.5%。其中,第一、二、三产业增加值分别为 48.23 亿元、183.11 亿元和 174.65 亿元,相比 2017 年分别增长 2.45%、5.13% 以及 6.65%。三大产业经济结构持续优化,三产比例由去年同期的 11.64:45.75:42.61 调整为 11.88:45.10:43.02。2018 年,东平县人均 GDP 达到 49 924 元,城镇居民人均可自由支配收入达到 30 490 元,人均消费性支出费用为 19 485 元;农村居民人均可支配收入达到 15 517 元,人均生活消费支出 9 395 元。

2018 年,东平县在以种植业为代表的第一产业持续发力,其产值继续上涨,全年实现农业产值 84.1 亿元,实现农业增加值达到 49.7 亿元,其中种植业增加值 27.1 亿元。2018 年,东平县全市粮食产量达到 61.3 万 t。其中,夏季粮食产量为 30.4 万 t,秋季粮食产量为 30.9 万 t。2018 年,东平县全县生活设施得到进一步改善。农村自来水普及率达到 96.0%。农田水利建设扎实推进。农田有效灌溉面积 78.6 万亩,其中节水灌溉面积 61.47 万亩。综合治理水土流失面积 13.56 万亩。

2018 年,东平县全县工业快速发展态势稳定向好。据统计,2018 年东平县全县规模以上工业增加值同比增长 3.6%。从产值及增幅来看:农副食品加工业 23.5 亿元,增长 25.0%;酒、饮料和精制茶制造业 0.6 亿元,下降 40.0%;纺织业 4.6 亿元,增长 17.9%;纺织服装、服饰业 2.0 亿元,下降 9.1%;造纸和纸制品业 32.6 亿元,增长 16.4%;化学原料和化学用品制造业 47.9 亿元,增长 22.8%;橡胶和塑料制品业 11.9 亿元,增长 7.2%;电力、热力生产和供应业 1.0 亿元,与 2017 年持平。

2018 年,东平县通过不断扩大第三产业规模,引领第三产业发展,截至 2018 年底,社会消费品出售总额达到 168.0 亿元,较 2017 年增长 9.0%。此外,东平县在对外经济贸易中不断发力开拓渠道和市场,2018 全年进出口贸易经济交易总额达到 3.484 4 亿元,较 2017 年有所降低。其中,进口总值 7 094 万元,同比减少 2.4%;出口总值 27 750 万元,同比减少 17.1%。但是,对外经济合作进展顺利,实际利用外资 2 276 万美元,较 2017 年增长 31.7%。

（4）生态环境状况

生态环境状况主要包括地表水环境状况以及地下水环境状况。其中地表水主要包括河流、水库以及湖泊和湿地等地表水体及水域，地下水则主要囊括了地下泉水、浅层以及深层地下水等。

①水量状况。据《2018 年山东省水资源公报》统计，2018 年山东省全省属于偏丰年份，在评价时代表性较差，故选择多年平均值进行计算。东平县区域内的平均年降水量，根据 1956—2018 年 63 年的降水系列资料计算，多年平均降水量为 609.16mm；全县多年平均陆面蒸发量约 1 142.3mm，年最大蒸发量 1 482.7mm，最小蒸发量 894.3mm。多年平均水资源总量为 32 689.88 万 m^3，其中多年平均地表水资源量为 13 559.25 万 m^3，多年平均地下水资源量为 19 130.63 万 m^3；多年平均可利用水资源量为 26 290.69 万 m^3。

2018 年，东平县全县总供给水量 12 749 万 m^3，其中地表水源供水 5 401 万 m^3，地下水源供水 5 676 万 m^3，此外，东平县通过其他水源供水 1 672 万 m^3。2018 年全县农业生产用水 11 738 万 m^3，工业生产用水 2 029 万 m^3，城乡生活用水 1 725 万 m^3，生态环境用水 107 万 m^3，全年用水总量 15 599 万 m^3。

②水质状况。水体质量是水资源评价的一项重要指标，地表水水质主要受降水、径流条件和岩土化学成分的影响，同时也受人类活动的影响，因此，其具有动态性、随机性等特点；地下水主要接受地表水和降水水体的补给，其污染程度较低，只是在地表水体受到严重污染的地区才会受到一定影响。同时，地下水也是人类生活用水的主要来源，是东平县工业和农业的主要水源。

到 2018 年末，东平县全年累计污废水排放总量为 1 785 万 m^3，其中，工业废水排放量为 707.92 万 m^3，生活污水排放量为 567.08 万 m^3；全年污水处理量为 1 237 万 m^3，污水处理厂污水集中处理率为 97%。东平湖、大清河水质持续改善，符合国家调水要求。2018 年，东平县全县通过结构减排、工程减排、管理减排三大减排措施，COD、氨氮、二氧化硫、氮氧化物等总量控制指标均能完成市政府下达的目标任务。

此外，为了掌握东平县的水质状况，2018 年在东平湖出口的陈山口闸进行现场监测实验，获取了水体理化指标（水温、溶解氧、高锰酸盐指数、生化需氧量、化学需氧量、氨氮、总磷和总氮等指标）、水生生物指标（浮游植物、浮游动物和底栖动物）以及水生生物栖息地环境指标。根据各污染物对环境的影响程度，选择氨氮作为水质控制指标，而水体中 NH_4-N 的浓度高低是衡量水体水质的一个重要指标。5 次实验中各监测断面的 NH_4-N 浓度均在

1mg/L 以下（图 7-1），能够达到地表水水体Ⅲ类水的标准（地表水环境质量标准（GB 3838—2002）。总体来看，2018 年 8 月氨氮的总体浓度值较大且变化较大，2018 年 7 月氨氮次之。因此，选择浓度最大值（也就是最差状况）作为指标数据，即 0.498mg/L。

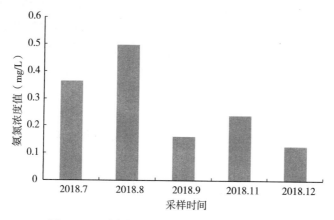

图 7-1　不同时间陈山口闸氨氮浓度变化情况

7.2.2　未来发展主要数据及其来源

依据《山东省水资源综合利用中长期规划》《东平县国民经济和社会发展第十三个五年规划纲要》，结合东平县发展现状及未来发展规划，对未来发展情景中所需的部分数据进行确定，具体情况如表 7-1 所示。

表 7-1　未来发展所需部分数据

指标	时间		
	2020 年	2030 年	2040 年
总供水量（万 m³）	13 386	14 725	17 670
人口总数（万人）	82.13	87.63	93.03
GDP（亿元）	473.54	848.05	1 381.38
需水量（万 m³）	14 790	16 363	19 636
工业总产值（亿元）	46.88	55.12	69.07
灌溉面积（万亩）	82.53	94.32	117.9
灌溉用水（万 m³）	11 620	10 564	9 977
污水排放量（万 m³）	1 794	1 606	1 428

7.3 模型应用

7.3.1 现状评价

根据第 4 章构建的指标体系和第 5 章提出的 WREE 耦合协调发展度评价模型及评价标准，结合东平县 2018 年各指标量化值，可以得到东平县 2018 年水资源、经济发展和生态环境 3 个系统的耦合协调发展度为 0.622，处于"轻度失调发展"（D_4）阶段。从评价可以看出，2018 年东平县 3 子系统之间的耦合协调发展程度相对较弱。

为了进一步分析水资源子系统、经济发展子系统和生态环境子系统对 WREE 耦合协调发展度的影响，构建各子系统耦合协调发展度模型，具体如下：

$$D(R) = \sum \bar{\omega}_i R_i \tag{7.1}$$

$$D(E_1) = \sum \bar{\omega}_i E_{1i} \tag{7.2}$$

$$D(E_2) = \sum \bar{\omega}_i E_{2i} \tag{7.3}$$

式中，$D(R)$、$D(E_1)$ 和 $D(E_2)$ 分别为水资源子系统、经济发展子系统和生态环境子系统的综合评价指数；$\bar{\omega}_i$ 为各系统中各指标对应的权重值；R_i、E_{1i} 和 E_{2i} 分别为水资源子系统、经济发展子系统和生态环境子系统中各指标标准化值。

通过计算，得到水资源、经济发展和生态环境 3 个子系统的评价指数分别是 0.217 9、0.258 5 和 0.166 2。由此可以看出，3 个子系统中生态环境子系统最差，其次是水资源子系统。对此，在今后的工作中，东平县要注重生态环境保护和节约水资源。

同时，WREE 耦合协调发展状况受到诸多因素的影响，而这些因素对其影响程度也不相同。为了进一步判断各指标对 WREE 耦合协调发展度的影响程度，采用灰色关联度分析方法分析各指标对 WREE 耦合协调发展度的影响。灰色关联度分析是基于行为因子序列微观或宏观的几何接近，分析和确定因子间的影响程度或因子对主行为贡献测度的分析方法。曲线越接近，相应序列间的关联度越大，反之越小[173]。按灰色关联分析方法的理论要求，将东平县 2018 年 WREE 耦合协调发展度与 43 个指标视为一个整体，构建一个灰色系统，基于灰色关联度计算方法，计算 WREE 耦合协调发展度与指标之间的灰色关联度。设 WREE 耦合协调发展度为参考序列 X_0，43 个指标分别为比较序列 $X_1 \sim X_{43}$，指标 X_i 与 WREE 耦合协调发展度 X_0 的关联度为：

$$r(x_0(k),x_i(k)) = \frac{\min\limits_{i}\min\limits_{k}|x_0(k)-x_i(k)| + \xi\max\limits_{i}\max\limits_{k}|x_0(k)-x_i(k)|}{|x_0(k)-x_i(k)| + \xi\max\limits_{i}\max\limits_{k}|x_0(k)-x_i(k)|}$$

$$\tag{7.4}$$

$$\gamma(x_0,x_i) = \frac{1}{n}\sum_{k=1}^{n}r(x_0(k),x_i(k)) \tag{7.5}$$

式中，$r(x_0(k)$，$x_i(k))$ 为 X_i 对 X_0 在 k 点的关联系数；ξ 为灰色分辨系数，其值范围在 0~1，一般取 0.5；$\min\limits_{k}|x_0(k)-x_i(k)|$ 表示 X_0 数列与 X_i 数列对应点差值的最小值，$\min\limits_{i}\min\limits_{k}|x_0(k)-x_i(k)|$ 表示在此基础上得到的最小差值；$\max\limits_{k}|x_0(k)-x_i(k)|$ 表示 X_0 数列与 X_i 数列对应点差值的最大值，$\max\limits_{i}\max\limits_{k}|x_0(k)-x_i(k)|$ 表示在此基础上得到的最大差值。计算出关联度 $\gamma(x_0$，$x_i)$ 后，即可根据其大小来判断参考数列与比较数列的紧密程度[174]。

根据前文中对 WREE 耦合协调发展度的评价结果，结合各指标的实测值，利用灰色关联度分析方法对各指标与 WREE 耦合协调发展度的关联度进行计算，并对 2018 年（现状年）的关联度进行排序，从中分析出对 WREE 耦合协调发展度影响较大的指标，为后续未来发展预测提供基础支撑。具体的关联度计算结果及排序情况如表 7-2 所示。

表 7-2 东平县 2018 年的指标关联度及排序情况

指标	X1	X2	X3	X4	X5	X6	X7	X8	X9	X10	X11
关联度	0.766	0.795	0.508	0.77	0.557	0.404	0.842	0.973	0.655	0.733	0.353
排序	9	7	29	8	20	36	5	3	16	10	41

指标	X12	X13	X14	X15	X16	X17	X18	X19	X20	X21	X22
关联度	0.494	0.481	0.348	0.669	0.726	0.521	0.664	0.561	1	0.509	0.583
排序	32	34	43	13	11	25	14	19	1	27	17

指标	X23	X24	X25	X26	X27	X28	X29	X30	X31	X32	X33
关联度	0.536	0.546	1	0.508	0.663	0.927	0.689	0.489	0.521	0.826	0.539
排序	23	21	2	28	15	4	12	33	24	6	22

指标	X34	X35	X36	X37	X38	X39	X40	X41	X42	X43	
关联度	0.393	0.37	0.364	0.518	0.567	0.5	0.349	0.497	0.387	0.476	
排序	37	39	40	26	18	30	42	31	38	35	

从表 7-2 中可以看出，不同指标对 WREE 耦合协调发展度的影响不同。2018 年，对水生态健康程度影响最大的前 6 位指标依次为 $X20$（一产比例）、$X25$（工业产值模数）、$X8$（农业用水比例）、$X28$（耕地灌溉率）、$X7$（水资源利用率）和 $X32$（污径比）。由此分析可知，3 个系统中均存在对 WREE 耦合协调发展度影响较大的指标，其中影响最大的是经济发展子系统中的指标，其次是水资源子系统的指标。

综上所述，水资源子系统、经济发展子系统和生态环境子系统的评价指数以及关联度分析结果可以为东平县水资源、经济发展、生态环境的耦合协调发展提供基础，在进行未来发展情景制定时，可以参考评价指数和指标关联度及排序情况，有针对性地开展情景预测、评价及分析工作。

7.3.2　未来预测及评价

(1) 模拟时间

利用率定改进完成后的水环境系统动力学模型，针对中长期预设情景下各指标开展模拟预测。设定模拟预测的初始时间为 2018 年（基准年），短期模拟预测的起止时间为 2018—2020 年，中期模拟预测起止时间为 2021—2030 年，长期模拟预测的起止时间为 2031—2040 年，模拟时间步长为 1 年。

(2) 模拟预测情景

依据《山东省水资源综合利用中长期规划》，结合东平县发展现状及规划情况，本书主要设定 4 个未来发展情景来模拟 2019—2040 年东平县的发展变化。通过分析东平县 WREE 耦合协调发展度变化情况，确定出最优发展情况，为今后东平县水资源、经济发展、生态环境的综合保护和发展提供方向及理论依据。

现拟定 4 种不同未来发展情景如下：

情景 1（维持现状发展）：保持现有发展模拟和状态，不采取任何措施，维持各指标值不变（污水处理水平、废水排放占比、用水定额等）。

情景 2：改进生产工艺，提供能源高效利用技术水平，降低能源消耗，改进农业种植技术，降低农业农药化肥使用量。其中，2020 年、2030 年和 2040 年万元 GDP 用水量分别达到 27.69m³、22.15m³ 和 20.45m³；工业用水重复率分别达到 92%、95% 和 97%；农业污染量在现状年水平的基础上以年 1% 降低。

情景 3：加强污废水收集处理力度，改善生态环境，通过提高城镇污水处理率，开展污废水减排工作，同时，通过植树造林和退耕还林等措施提高森林覆盖率。对此，在基准年的基础上，2020 年、2030 年和 2040 年污水处理率分别达到 97%、99% 和 100%；污水排放量下降 2%、10% 和 20%；植被覆盖率提高到 34.7%、40% 和 45%。

情景 4（综合情景）：综合情景 2 和情景 3 的所有发展措施，如改进工艺、节能减排、治污减污、加强生态环境保护等措施同时实施。

（3）预测结果评价及分析

根据设定的未来发展情景，利用第 6 章构建的系统动力学模型（Vensim 软件）对未来发展情景下各指标值进行预测。在此基础上，利用第 4 章构建的指标体系和第 5 章提出的 WREE 耦合协调发展度评价模型及其评价标准对未来 4 种情景下 WREE 耦合协调发展度进行评价，具体结果如表 7-3 所示。

表 7-3　未来 4 种情景下 WREE 耦合协调发展度变化情况

情景	2020		2030		2040	
	计算值	评价结果	计算值	评价结果	计算值	评价结果
情景 1	0.622	D_4	0.621	D_4	0.612	D_4
情景 2	0.680	D_4	0.727	D_3	0.801	D_2
情景 3	0.665	D_4	0.731	D_3	0.807	D_2
情景 4	0.699	D_4	0.800	D_2	0.901	D_1

注：高质量协调发展（$0.9 \leqslant D_1 \leqslant 1.0$）、较高质量协调发展（$0.8 \leqslant D_2 < 0.9$）、协调发展（$0.7 \leqslant D_3 < 0.8$）、轻度失调发展（$0.6 \leqslant D_4 < 0.7$）、中度失调发展（$0.4 \leqslant D_5 < 0.6$）和严重失调发展（$D_6 < 0.4$）。

从表 7-3 中可以看出，在维持现有发展程度下（即情景 1，仅改变人口和 GDP 值），随着人口的增加和 GDP 的发展，WREE 耦合协调发展度的程度逐渐降低，也就是水资源、经济发展、生态环境子系统之间的耦合协调发展程度越来越低，不利于整个社会的综合发展。

针对情景 2 的状况，2020 年仍处于"轻度失调发展"状态，但是，随着设定措施的实施，到 2030 年，WREE 耦合协调发展度已经达到 0.727，处于"协调发展"状态；随着设定措施的继续实施，到 2040 年，耦合协调发展度又有所提升，达到"较高质量协调发展"状态。

针对情景 3 的状况，2020 年处于"轻度失调发展"状态，但是，随着设定措施的实施和推进，到 2030 年，WREE 耦合协调发展度已经达到 0.731，即处于"协调发展"状态；随着设定措施的继续实施，到 2040 年，耦合协调发展度又有所提升，达到"较高质量协调发展"状态。

针对情景 4 的状况，也就是采取情景 2 和情景 3 的综合措施，2020 年，WREE 耦合协调发展度已经达到 0.699，虽然仍处于"轻度失调发展"状态，但已接近"协调发展"状态；随着设定措施的持续实施和推进，到 2030 年，耦合协调发展度进一步调高，达到"较高质量协调发展"状态；到 2040 年，耦合协调发展度得到进一步提升，达到"高质量协调发展"状态。

7.3.3 评价结果综合分析

通过对东平县发展现状及未来发展情景下 WREE 耦合协调发展度的计算及评价，可以看出，东平县现状情况下水资源子系统、经济发展子系统和生态环境子系统 3 者之间耦合协调发展程度较低，处于"轻度失调发展"状态，这就说明目前的发展模式或者发展措施需要改进或者进一步优化完善，以实现 3 个子系统之间的耦合协调发展。对此，基于东平县现状发展状况，结合山东省、泰安市及东平县的中长期发展规划，制定出 4 个发展情景，并分别对其 WREE 耦合协调发展度进行评价，由评价结果可知，不同的发展措施对耦合协调发展度的影响不同，但均好于继续维持现状发展的结果。从评价结果还可以看出，WREE 受到的影响指标比较多，是一个综合大系统。因此，基于东平县本身现状条件的基本情况，提出的 4 个发展情景，最好的发展状态已经达到"高质量协调发展"状态，但是，WREE 会受到诸多因素的影响，需要进一步提出一些综合措施来实现东平县水资源、经济发展和生态环境的高质量协调发展。

7.4 东平县发展措施建议

由于 WREE 是一个综合系统，系统各指标间彼此存在联系，需要从整个系统出发，充分考虑水资源子系统、经济发展子系统和生态环境子系统对 WREE 的影响。对此，本书分别从水资源子系统、经济发展子系统和生态环境子系统的角度提出一些具有参考价值的发展措施。

7.4.1 水资源方面

(1) 加强引、输、蓄水工程等水源地的保护

东平县水资源匮乏，并存在以下问题：a. 一些输水线路输水和排水一体，易受到农村生活点源和面源污染的影响，水体水质很难得到保证；b. 输水线路存在管理不善的问题，特别是一些小的输水线路，没有专人管理，在河湖长制推行之前，河道或输水线路内存在严重的垃圾问题。对此，可以采取以下措施：一是加强管理，建立健全水源地保护制度，加强对东平湖的管理和保护；二是在重点水源地及引水区域划分水源保护区和保护带，禁止一切有可能对水质造成污染的活动；三是供水和排水分开，禁止工业废水或生活污水进入水体；四是对东平县内的取、引、输、蓄、排水工程统一调度，可有效提高水资

源的利用率，减少水资源浪费。水源地的保护可以有效增加水体量和质的水平，提高供水量，进而满足经济社会发展和生态环境保护的需求。

（2）充分利用地表水，特别是客水水源

东平县地表水资源和入境、过境水资源的开发利用程度较低，特别是南水北调东线一期工程对东平县没分配供水指标。为充分利用当地地表水和客水（主要是黄河水和南水北调东线的长江水），可采取以下措施：

①掌握目前已有拦蓄工程的基本状况，对已有工程进行整修，提高拦蓄工程的蓄水能力；在蓄水工程未控区要新建拦蓄工程，如稻屯洼平原水库等，增加地表径流的蓄滞能力，缓解部分地区的缺水问题。

②蓄水时优先考虑运用东平湖水和黄河水等地表水体，东平湖水每年平均承接大汶河来水 5.58 亿 m^3。由于上游用水量的不断增加，使大汶河来水已不太稳定，常年处于干涸状态，一般只在汛期有水注入东平湖。南水北调东线一期工程输水量比较大，2018 年约供水 1 900 万 m^3。但是，目前南水北调东线一期工程对东平县没有供水指标，水体达到东平湖后一般只是与当地地表水进行交换，水量保持不变，达到动态平衡，但是，从长期发展来看，这将会成为东平县潜在的可开发水资源。假设到 2030 年南水北调东线能够给东平县供水 5 000 万 m^3，同时，考虑情景 4 的发展模式下，WREE 耦合协调发展度将达到 0.807，这就表明有效利用外调水可以增加 3 个子系统之间的耦合协调发展程度。此外，黄河水也是东平县最具开发前景的地表水源，在大汶河水来水量大量减少时，可以通过石洼分洪闸、林辛分洪闸、十里堡分洪闸等闸门将黄河水引入东平湖，使之成为东平县的稳定水源。

（3）加快东平湖利用开发

东平湖是黄河下游仅有的一个天然湖泊，也是东平县最大的地表水水体，东平湖水资源的开发利用对东平县的经济发展和生态保护起着关键性的作用。根据东平湖的滞洪削峰作用，在保证黄河下游防洪安全和东线工程供水安全的前提下，可以将东平湖老湖区（常年有水区）改造成集防洪、蓄水、供水、航运、旅游等多功能综合利用的水库，将东平湖湖水作为东平县以及山东省内供水水源地，同时，也能够满足东平湖湖区景观用水需求，为东平湖区域发展绿色旅游经济提供水资源条件，最终实现东平湖作为蓄滞洪区和水库的有机结合。

①积极推进水资源开发利用。充分发挥东平湖老湖区蓄水兴利的作用，在保证东平湖蓄洪库容的前提下，适当提高东平湖蓄水水位，可以增加东平湖老湖区蓄水量。一是致力于水资源开发，大力发展雨洪资源（主要是汛期大汶河来水）利用工程建设，重点围绕引黄济湖和南水北调东线新水源地建设两大工程展开，增加地表水资源蓄滞能力，增强供水能力，实现雨洪资源从防汛抗洪

为主向雨洪综合利用转变。二是加快重点水利基础设施建设，新建老湖库区增容工程、稻屯洼水库，引蓄大汶河洪水，提高地表水资源蓄滞能力；在大汶河入湖口上游，争取建设戴村坝水库，提高地表水资源联合调配能力，形成由东平湖、稻屯洼和戴村坝三座水库构成的梯级水利枢纽，提高东平县水资源调度的灵活性；三是通过适当抬高东平湖水库的汛限水位、实行外调水和本地地表水的联合调度等非工程措施，提高东平湖汛期蓄水量，满足东平县经济发展用水和湖区景观用水需求。

②加强水资源合理利用。在保障防洪和供水安全的前提下，通过工程措施和非工程措施，实现东平湖水资源的合理保护和高效利用。一是调整产业结构，发展环湖绿色经济。根据南水北调东线一期工程对东平湖水位和水质的要求，对湖区渔业生产进行重新规划，调整养殖品种和结构。二是加快京杭运河复航进度，大大改善地区的交通和运输结构，航运业必将带动湖区周边经济的发展。目前，东平湖正在修建码头，并对东平湖航线处进行挖深，确定通航需求。三是积极争取上级生态补偿政策。为保障南水北调东线一期工程水质供水安全，东平湖区域群众响应国家政策，关闭了大量的小型加工企业和禁止湖区网箱养殖等方式，切断湖区周边地区污染物的来源；为保证水源区水体质量，同时提高水源地人民群众的生活水平，持续享受国家生态补偿红利，完善生态补偿机制，最大限度地加大对东平湖库区补偿政策和补偿资金的倾斜力度。

③提高水资源的有效利用率。随着南水北调东线一期工程的实施和水利工程配套设施的完善，东平湖逐步具备向东平县县城供水的工程条件和水资源条件。在保证防洪安全和南水北调东线供水安全的前提下，利用东平湖地表水源逐步替换地下水源，并向东平县城供水，这是东平湖水资源利用的重要措施之一，极大提升东平县地表水资源利用率。

④提高湖水运用概率。根据《全国蓄滞洪区建设与管理规划》、黄汛〔2002〕5号文件《关于东平湖运用指标及管理调度权限等问题的批复》等，东平湖老湖设计防洪运用水位为44.72m，相应库容11.94亿m³；汛限水位7—9月为40.72m，10月份可以抬高至41.22m；警戒水位为41.72m。东平湖新湖设计防洪运用水位43.72m，相应库容23.67亿m³；全湖运用水位43.72m，相应库容33.54亿m³。根据老湖1980—2011年报汛站实测水位资料统计，老湖多年平均水位为39.76m，汛期（6—10月）、非汛期（11月至翌年5月）多年平均水位分别为39.83m、39.69m；老湖多年平均最高水位为39.95m，汛期、非汛期多年平均最高水位分别为40.13m、39.76m。

2015年7月，经黄河水利委员会批准，东平湖老湖区汛限水位7—8月为42.0m，9—10月为43.0m，警戒水位为43.0m。目前，东平湖老湖区部分水利工程存在不同程度的坝体渗水、护坡老化甚至坍塌等问题，已经不能满足老湖区高水位运行的需求，对此，需要对沿湖水利工程进行加固和改造。同时，根据南水北调东线三期工程规划，老湖区调蓄水位就是 43.0m，这需要对老湖区的堤防、涵闸等水利工程进行加固处理。

⑤东平湖水资源管理运用对策。法律保障措施。国家和省市相关法律法规条例的出台，成为东平湖蓄滞洪区依法治理的依据，确保把东平湖区蓄滞洪区定位和区域群众的利益放在第一位，如此，才能实现东平湖汛期安全防洪、南水北调东线正常调水以及正常航运的目标。这些法律法规使东平湖的管理做到有章可循、有法可依，为更好地解决防洪与兴利、治理与开发、水环境保护等打下坚实的基础。

组织保障措施。落实水资源管理行政首长责任制，负责对东平湖水资源进行统一开发、利用、保护、管理、调配。东平县黄河河务局作为黄河流域东平段的管理机构，其主要职责是做好东平湖围坝、黄河分洪闸、东平湖退水闸等防洪工程的管理运用，确保黄河利用东平湖分洪时的安全。东平湖区域的南水北调东线管理机构和京杭运河管理机构分别负责区域内南水北调东线一期工程的供水安全和京杭大运河的航运安全。

7.4.2 经济发展方面

（1）大力推进生态经济发展

习近平总书记曾提出"绿水青山就是金山银山"，这为今后经济的发展指明了方向。在东平县经济发展的过程中，也要把实施低碳经济和循环经济作为今后经济发展的主要方向，要全面推进资源综合利用和循环利用，在发展经济的同时，要减少能源消耗和环境污染，实现绿色低碳发展。

①切实做好节能减排工作。东平县要围绕支柱产业和重点企业，淘汰落后产能和技术，开展资源综合利用，例如，光源热电公司要建设烟气综合治理工程，实现脱硝、除尘、脱硫技术改造及应用。同时，要结合环境保护的需求，强化节能、环保、土地、安全等指标约束，严格实行节能评估审查、污染物总量控制、环境影响评价、建设用地审查，严控高耗能、高排放行业新建项目。加大节能减排资金投入，落实节能减排目标责任制、奖惩措施，健全总量监测预警、统计、考核体系。

②积极推进循环经济发展。东平县矿产资源丰富，储量大且分布集中，工矿企业较多，对此，应该建设矿坑水综合利用项目，通过对铁矿企业矿井外排水进行资源化处理，有效提高矿区水资源综合利用率。不断提高矿产资源回收率，加强矿产资源综合利用。积极发展生态农业，大力推广"秸秆-食用菌-有机肥-种植（果菜）"模式，鼓励利用多种原料发展超大型沼气工程，鼓励利用采伐、造材、加工等林业"三剩物"和次小薪柴生产板材、培养食用菌。

③完善资源循环利用体系。提高资源利用效率，降低废物排放，抓好传统工业产业链延伸和废弃物循环利用等工程。优化产业结构，降低高耗能产业比重，严格限制高耗能、高污染和浪费资源的行业发展。鼓励清洁生产，积极开发利用可再生能源，大力发展风能、太阳能、生物质能等可再生资源，加快汽车用蓄电池、太阳能储能电池、锂电池等新型电池研发和生产，促进资源高效和循环利用，倡导绿色低碳发展理念。

（2）节水措施

①强化农业节水。实施农业节水措施，可达到调整农业用水比例的目标，如果到 2030 年农业用水比例降低到 65%，考虑情景 4 的发展模式下，WREE 耦合协调发展度将达到 0.809。

②加强工业节水。严格实行非居民用水超计划用水累进加价制度，禁止引进高耗水企业，开展高耗水行业节水技术改造；将用水效率作为产业结构调整的重要依据，鼓励企业开展水平衡测试工作，将富余的矿坑水、中水资源作为新上项目的首选水源，推进节水型企业建设[175]。

③推进城镇生活节水。推进城乡供水一体化，实现一处水源供全域；开展城乡供水管网新建和改造建设，降低城乡供水管网漏损率。

④创建节水载体。启动节水型企业、公共机构节水型单位和节水居民小区建设，推广节水器具。

（3）严格控制污废水排放，搞好污染源治理

东平县是开采和化工基地，搞好企业污染源、污废水治理显得尤为重要。对此，一方面要严格执行建设项目"三同时"的建设原则，防止新污染源的产生，对环境影响评价不合格的建设项目应不允许其开工建设；二是对工矿企业产生的污废水进行集中处理，减少水资源污染；三是生活污水和污染物集中排放和处理，减少环境污染。目前，依托于河湖长制工作的要求及考核情况，河道中乱排、乱放、乱占等情况已经得到明显改善。

（4）加快建设污水处理系统，注重污水处理回用

污水处理系统是从根本上解决污水问题的重要措施。加强对生活污水集中排放和处理设施建设，应杜绝沿河偷排现象；另外要加快污水处理和回用设施的建设，实现污水资源化。根据前文设定的情景 3 评价结果可以看出，通过提高污水处理率和污水回用量，实现对废污水排放的有效控制或处理，能够明显改善 WREE 耦合协调发展状况。

（5）以水资源为核心，做好统一规划

东平县水资源较为匮乏，同时，目前当地水资源不能充分利用，且引用黄河水付出的代价比较大。从东平县发展现状及未来发展情景来看，农业用水仍是东平县的主要用水方式，为此，适当减少高耗水农业，主要是水稻田的种植面积，进行种植业的调整是非常必要的；同时，加强对农业节水新技术的应用，增大节水灌溉农田面积。

（6）保持东平湖黄河下游关键防洪工程的地位不变

自小浪底水库建成使用之后，能够有效降低黄河下游出现超标洪水的概率，且小浪底水库能够拦蓄一定数量的黄河泥沙，能够减少黄河下游河道的泥沙淤积，同时，自 2002 年黄河第一次实施调水调沙以来，将黄河下游河道内的大量泥沙冲入大海，且实现黄河下游河槽的下切，增加了黄河下游河道的平滩流量，提高了黄河下游的过流能力，这将大大降低东平湖蓄滞黄河洪水的概率。但是，东平湖作为黄河下游重要的蓄滞洪区的防洪任务不能变。

7.4.3 生态环境方面

（1）加大环境污染综合治理

切实改变传统环境保护观念，从末端治理转向源头防治和末端治理联动，以环境质量改善为核心，把环境质量改善和提高污染治理能力系统地结合在一起，优先解决与人民群众切身利益相关的水污染等突出环境问题，维护人民群众健康和环境权益，增强可持续发展能力。

①控制污染物排放总量。坚持预防为主、综合治理，把环境质量不退化作为经济发展的底线，综合采取结构减排、工程减排及管理减排三大措施，降低污染物排放总量，确保化学需氧量、氨氮、二氧化硫、氮氧化物、烟尘、粉尘排放总量控制在目标任务以内。严格环境准入，从严审批高耗水、高污染物排放、产生有毒有害污染物的建设项目，对造纸、氮肥、农副食品加工、电镀、化工等行业实行新（改、扩）建项目主要污染物排放等量或减量置换。

②开展水环境综合整治。加强工业水循环利用，集中治理集中排放的污水。完善城镇污水处理设施，全面加强配套管网建设，在东平县乡镇（街道）建设农村生活废水收集处理设施及配套管网，实现农村生活污水的收集与集中处理。加大农村水生态治理，制定实施全县农业面源污染综合防治方案。深入落实最严格水资源管理制度，全面实施"三条红线"管理，严格执行"四项制度"。加强水功能区监督管理，从严核定水域纳污能力，实现东平县水质或饮用水水源地水质达到或优于国家或省里规定的水质标准。

（2）加快东平湖水生态保护

东平湖是东平县的母亲湖，东平县的发展要更加注重对东平湖的保护、利用与开发。要牢牢把握东平湖涵养水源、洪水调蓄、生态屏障的功能定位，从战略上看待东平湖的保护、利用与开发。在水资源的综合利用与开发上，要在"治、用、保"技术三策的基础上，以东平湖湖区为核心，黄河、大汶河、大清河、汇河水系为支撑，防洪安全和水质保护为前提，实现水生态系统涵养有力，水景观建设与城市发展相融合，水资源配置进一步优化，供水安全能力显著提高的特色水生态文明体系。

根据在东平湖开展的水环境和水生态调查现场实验及其水质评价结果可知，目前湖区出口陈山口闸处水质多处于Ⅲ～Ⅳ类水体，甚至部分时段出现Ⅴ类水体，与国家要求的南水北调东线一期工程全线输水水质达到地表水水环境质量Ⅲ类水体的标准仍有一定差距，这就表明东平湖湖区水质综合治理的任务还比较艰巨。

①加强生态保护。东平湖作为南水北调一期工程的最后一级调蓄水库，其水质安全关系着南水北调东线一期工程的供水成败，守护这片清水，不仅具有良好的经济效益、社会效益和生态效益，而且具有重要的政治意义。必须把东平湖水质保护始终放在突出位置，通过控制入湖污染物总量、构筑绿色生态屏障等措施，打造"一湖两廊"水质和水生态保护格局。一是把综合治理环境与水源地保护融为一体，通过加大污水处理工程、垃圾处理工程、金线河生态河道治理、大清河生态保护带等工程，对河道进行生态清淤、生态护坡、河床整治，加大水源地保护力度；按照"谁污染、谁治理"的原则，明确水治理职责和责任追究，关闭河道即湖区周围小型加工企业，禁止外源性投饵养殖，严格控制湖区及周边污染物排放总量，确保水源质量。二是建设东平湖生态廊道系统，在大汶河东平段，对大清河和东线输水干线两岸及入河支流进行治理，在河流两岸种植林木和草坪，建设生态绿化带。三是提升排涝减灾、水土保持能力。加快防洪工程和河道治理步伐，大力推进水库建设、新湖区分区利用、黄河分洪入湖通道、金山坝加固等水利工程，建成较为完善的防洪排涝减灾体系；着力完善山丘区水土流失治理、中小河流域治理工程，构建保障经济社会安全的水土保持、防洪减灾体系。

②明确水环境保护职责。大汶河和汇河是东平湖的主要水源，在保证东平湖水源的同时，给东平湖带来污染，要想实现对湖水污染的综合治理，首先应严格控制来水的污染。根据山东省对大汶河和汇河流域水功能区划的要求，分析造成地表水体污染的主要原因，按照"谁污染、谁治理"的原则，进行水环境治理职责划分和责任追究。

（3）加快水源保护区生态建设

随着人类活动范围及强度的不断增大，人为活动对水质产生了巨大的影响。对此，对东平湖湖区周围农田进行必要的调整，大力发展生态农业，尽量减少农药和化肥使用量，实现农药和化肥使用量的零增长甚至负增长，有效减少农田面源污染对水质的影响。对新建输、蓄水工程，一定要结合当地的水文地质条件，做好防渗墙、截渗沟等工程的设计和施工；适当加大微咸水利用研究的科研力度非常必要。切实搞好泥沙利用，变害为利。同时，根据东平县实际情况，结合东平县附近黄河泥沙的特性，因地制宜，综合利用，全面发展。综上所述。通过以上各种措施的实施，可有效减少土地沙化的影响，变害为利，使东平县成为社会安定、环境优美的区域。

7.5 本章小结

前文中已经验证模型在黄河中下游 5 个省份的可行性及合理性，为了保证构建的评价及预测模型在整个黄河流域中下游均具有适用性，选择点尺度，即黄河下游山东省东平县为研究实例。对此，本章基于前文中构建的 WREE 耦合协调发展评价及预测模型，结合对山东省东平县基本资料的搜集与分析，以 2018 年为基准年进行现状评价及未来 4 个发展情景的模拟与评价，得到以下结论：

（1）东平县 2018 年 WREE 耦合协调发展程度为轻度失调发展（0.622），其中经济发展子系统对其影响最大，43 个指标中一产比例、工业产值模数、农业用水比例、耕地灌溉率、水资源利用率和污径比对系统耦合协调发展度影响最大。

（2）以 2018 年为模拟初始时间，2020 年、2030 年和 2040 年分别为短期、中期和长期模拟预测时间；从维持现状发展、改善生产工艺、加强污染治理、综合措施等角度提出未来发展的 4 种情景，并对各情景下 WREE 耦合协调发展程度进行评价，其中情景 4（综合发展情景）的状况最好，到 2040 年，耦合协调发展度可以达到"高质量协调发展"状态，但如果保持现状发展（情景 1），系统耦合协调发展程度则会逐年变差。

（3）基于现状及未来情景的 WREE 耦合协调发展度的计算结果，从水资源、经济发展和生态环境 3 个方面提出一些发展措施，以实现东平县水资源、经济和生态环境的耦合协调发展。

8 结论与展望

8.1 结论

随着经济社会的快速发展，黄河流域用水量持续增加，人类活动带来的负面影响日益明显，水资源短缺、水资源分布不均和年际变化大、供水调节能力差、利用效率低、地下水开采不合理、生态环境恶化等一系列水资源问题严重制约了经济社会的持续发展。探求社会经济发展与生态环境、水资源之间的最佳协调发展匹配状态成为研究热点问题。本书以黄河流域中下游为研究区域，针对目前研究存在的问题和不足，对水资源-经济-生态（WREE）耦合协调发展开展理论及应用研究，得出以下几点结论：

（1）在系统梳理可持续发展理论、系统论和耦合协调发展理论的基础上，提出了 WREE 耦合协调发展度概念，构建了 WREE 耦合协调发展理论框架；从水资源、经济、生态属性视角出发，提出了黄河流域中下游水资源-经济-生态耦合发展基本理论，明确了 WREE 耦合协调发展的内涵特征，包含人口、水资源、生态环境、经济、科技、信息等基本特征要素；同时，揭示了 WREE 耦合协调发展条件及机理，建立了耦合协调发展度模型，并提出了各个发展阶段耦合协调发展度及其划分标准；对比分析了耦合协调发展度指标体系确定方法、评价方法和模拟方法等技术方法，提出了耦合协调发展度的定量评价和未来情景模拟及适用性分析等具体研究内容。

（2）依据指标体系构建目的、意义和原则，结合评价指标体系构建的指导思想，在水资源、经济与生态特征要素分析的基础上，利用频度统计法选出水资源、经济发展和生态环境 3 个子系统 134 个评价指标，初步构建黄河流域中下游 WREE 耦合协调发展评价指标体系；采用理论分析法，筛选出 56 个评价指标；再次采用相关性分析法，识别筛选了影响黄河流域耦合协调发展的关键因子，最终确定出 43 个评价指标，并确定了黄河流域中下游 WREE 耦合协调发展评价指标目标值。确立了黄河流域中下游 WREE 耦合协调发展评价指标体系，完成了水资源、经济与生态等方面数据来源的归纳整理。

（3）对黄河流域中下游内蒙古、陕西、山西、河南、山东等 5 个省份的水资源、经济发展和生态环境进行对比分析，探明了 43 个指标的时空分布特征；5 个省份的水资源模数均有所提高，部分城市的水资源利用率达到 100%；5 个省份的人口密度基本稳定在一个稳定区间，人均 GDP 呈逐年增长趋势，从各省份万元 GDP 用水量的年际变化来看，河南和内蒙古的万元 GDP 用水量均高于全国平均水平，而山东、山西和陕西均低于全国平均水平；各省份总污染物排放量在 8 600～30 209 万 t/年，其中河南、山西和陕西的工业污染物排放量占总排放量的 51.4%、54.4% 和 40.3%，但污水处理率和回用率呈逐年升高趋势，各省份的多年平均污水处理率在 50% 以上，各地区的氨氮环境承载力总体上呈下降趋势，从 1999 年到 2018 年，河南平均下降幅度达到 64.2%，内蒙古和山东平均下降幅度在 65% 左右。

（4）建立了黄河流域中下游 WREE 耦合协调发展度评价模型，评价结果表明，对 5 个省份 43 个指标综合评价后得出，从 1999 年到 2018 年黄河流域中下游水资源-经济-生态耦合协调发展度逐年优化，从"严重失调发展"逐步向"协调发展"转变，从 2001 年开始到 2015 年，5 省份的水资源-经济-生态耦合协调发展度逐步改善，2015 年后，受各省市水资源与环境保护政策的影响，WREE 耦合协调发展度达到"协调发展"状态。

（5）基于黄河流域中下游水资源、经济发展和生态环境的特点，建立水资源-经济-生态演化模型，以 2018 年为模拟基准年，1999—2018 年为模型验证期，2019—2040 年为模型预测期；设定黄河流域中下游 WREE 未来 4 种情景，判别中长期 WREE 耦合协调发展度。结果表明，在维持现有发展程度下（情景 1），5 省份在 2040 年全部处于"轻度失调发展"状态；改进生产工艺（情景 2）条件下，2040 年耦合协调发展度达到 0.822～0.885，达到"较高质量协调发展"状态；改善生态环境（情景 3）条件下，2040 年耦合协调发展度达到 0.856～0.895，达到"较高质量协调发展"状态；综合措施情景（情景 4）条件下，2040 年耦合协调发展度大幅度提高，达到 0.914～0.934，即"高质量协调发展"，实现黄河流域中下游水资源-经济-生态的高质量协调发展。同时，从水资源子系统、经济发展子系统和生态环境子系统的角度提出一些具有参考价值的发展建议。

（6）利用 WREE 耦合协调发展度评价模型，对 2018 年东平县耦合协调发展程度进行了评价，达到"轻度失调发展"（0.622），同时，辨析出经济发展子系统对耦合协调发展度影响最大，43 个评价指标中一产比例、工业产值模数、农业用水比例、耕地灌溉率、水资源利用率和污径比对系统耦合协调发展度影响最大；从维持现状发展（情景 1）、改善生产工艺（情景 2）、改善生态环境（情景 3）、综合措施（情景 4）4 个情景利用评价模型对 WREE 的耦合协调发展程度进行了评价，其中情景 4 的状况最好，到 2040 年，耦合协调发展度可以达到"高质量协调发展"状态，情景 2 和情景 3 到 2040 年，均可以达到"较高质量协调发展"状态，但如果保持情景 1 状况发展，系统耦合协调发展程度则会逐年变差；基于评价结果，从水资源、经济发展和生态环境 3 个方面提出发展措施。

8.2　创新点

（1）针对黄河流域中下游水资源禀赋与经济发展、生态需求之间不协调问题，基于可持续发展理论、系统论和耦合协调发展理论，从指导思想、基本理论、技术方法和研究内容等方面，构建了黄河流域中下游水资源-经济-生态耦合发展理论框架；从水资源、经济、生态属性视角出发，揭示了耦合协调发展条件及机理，明确了人口、水资源、生态环境、经济、科技、信息等 WREE 耦合协调发展基本特征要素；提出了耦合协调发展度的概念、模型及其类型划分标准。

（2）基于水资源、经济与生态特征要素，结合指标体系构建指导思想，利用频度统计法、理论分析法和相关性分析法，筛选出影响黄河流域中下游耦合协调发展的关键因子；构建了以耦合协调发展度为目标，水资源、经济发展与生态环境 3 个子系统为准则层，43 个评价指标为指标层的 WREE 耦合协调发展度评价指标体系。

（3）基于改进后的模糊综合评判理论，建立了黄河流域中下游 WREE 耦合协调发展度的静态评价模型，并结合层次分析法和熵权法提出主客观组合权重的计算方法；基于 WREE 组成要素间的相互关系和作用机理，构建了动态的水资源-经济-生态演化模型；将静态评价和动态模拟相结合，成功应用于黄河流域中下游区域尺度（5 省份）及县域尺度（东平县）的现状评价和未来发展情景模拟。

8.3　不足与展望

流域水资源、经济和生态协调发展研究是一个十分复杂的课题，涉及的影响因素多而复杂，本书开展了黄河流域中下游 WREE 耦合协调发展理论及内涵特征研究，利用建立的指标体系评价了 WREE 耦合协调发展度，构建水资源-经济-生态演化模型模拟预测了未来的 WREE 耦合协调发展度，并以山东省东平县为例开展应用研究，取得了一些研究结果，但依然存在一些不足，在下一步研究中需进一步完善和改进：

（1）水资源-经济-生态是一个开放的复杂大系统，不仅包括水资源、经济发展和生态环境 3 个子系统，还受科技进步、国家政策等多因素的影响。鉴于模型的复杂性，一方面，本书在建立水资源-经济-生态演化模型时很难将 WREE 系统所有变量因素都涵盖进去，对 WREE 系统变量的罗列不够全面；另一方面，各个变量之间存在着彼此关联，相互影响的错综关系，在确定各变量之间的数学关系式时仍需要进一步优化。

（2）本书总体上是对黄河流域中下游的水资源、经济发展和生态环境协调发展进行评价和预测，今后的研究可以此为基础，针对黄河流域生态保护和高质量发展问题开展更加完整合理的、有针对性的研究。

REFERENCES

参考文献

[1] 赵衡. 人水关系和谐调控理论方法及应用研究 [D]. 郑州：郑州大学，2016.

[2] Liu JG，Dietz T，Carpenter SR，et al. Complexity of Coupled Human and Natural Systems [J]. Ambio，2007，36（1）：639 - 648.

[3] 左其亭，韩春辉，马军霞，等."一带一路"中国大陆区水资源特征及支撑能力研究 [J]. 水利学报，2017，48（6）：631 - 639.

[4] Yang YY，Guo HX，Chen LF，et al. Regional Analysis of the Green Development Level Differences in Chinese Mineral Resource-based Cities [J]. Resources Policy，2019，61（23）：261 - 272.

[5] 杨志勇，袁喆，严登华，等. 黄淮海流域旱涝时空分布及组合特性 [J]. 水科学进展，2013，24（5）：617 - 625.

[6] 杨永春，穆焱杰，张薇. 黄河流域高质量发展的基本条件与核心策略 [J]. 资源科学，2020，42（3）：409 - 423.

[7] 陈耀，张可云，陈晓东，等. 黄河流域生态保护和高质量发展 [J]. 区域经济评论，2020，21（1）：8 - 22.

[8] 习近平. 在黄河流域生态保护和高质量发展座谈会上的讲话 [J]. 求是，2019，20：1 - 5.

[9] 王尚义，李玉轩，马义娟. 地理学发展视角下的历史流域研究 [J]. 地理研究，2015，34（1）：27 - 38.

[10] 高群. 国外生态——经济系统整合模型研究进展 [J]. 自然资源学报，2003，2（3）：375 - 384.

[11] Haken H. Information [M]. Berlin：Springer Berlin Heidelberg，1978：245 - 295.

[12] 赵珂. 城乡空间规划的生态耦合理论与方法研究 [D]. 重庆：重庆大学，2007.

[13] Keuning JS，Dalen JV，Haan MD. The Netherlands' Namea；Presentation，Usage and Future Extensions [J]. Structural Change & Economic Dynamics，1999，12（1）：123 - 147.

[14] Smith R. Development of the Seea 2003 and Its Implementation [J]. Ecological Economics，2007，61（4）：592 - 599.

[15] Costanza R，Arge RD，Rudolf-de G. The Value of the World's Ecosystem Services and Natural Capital [J]. Nature，1997，387（23）：213 - 245.

[16] Beghin J，Roland-Holst D，Mensbrugghe DVD. Trade and the Environment in General

Equilibrium: Evidence from Developing Economies [J]. Staff General Research Papers Archive, 2002, 85 (5): 1091 - 1093.

[17] Bergh J, Nijkamp P. Operationalizing Sustainable Development: Dynamic Ecological Economic Models [J]. Ecological Economics, 1991, 4 (1): 11 - 33.

[18] Voinov A, Costanza R, Wainger L, et al. Patuxent landscape model: integrated ecological economic modeling of a watershed [J]. Environmental Modelling & Software, 1999, 14 (5): 473 - 491.

[19] Jeroen CJM, Bergh VD, Verbruggen H. Spatial sustainability, trade and indicators: an evaluation of the ecological footprint [J]. Ecological economics, 1999, 29 (1): 61 - 72.

[20] Mutisya E, Yarime M. Moving Towards Urban Sustainability in Kenya: a Framework for Integration of Environmental, Economic, Social and Governance Dimensions [J]. Sustainability Ence, 2014, 9 (2): 205 - 215.

[21] 吴泽宁, 吕翠美, 胡彩虹, 等. 区域水资源生态经济价值能值评估方法与应用 [C] //流域水循环与水安全——第十一届中国水论坛论文集. 北京: 中国水利水电出版社, 2013: 112 - 118.

[22] 马向东, 孙金华, 胡震云. 生态环境与社会经济复合系统的协同进化 [J]. 水科学进展, 2009, 20 (4): 566 - 571.

[23] 姚志春, 安琪. 区域水资源生态经济系统耦合关系分析 [J]. 水资源与水工程学报, 2011, 22 (5): 63 - 68.

[24] Luo Z, Zuo Q. Evaluating the Coordinated Development of Social Economy, Water, and Ecology in a Heavily Disturbed Basin Based on the Distributed Hydrology Model and the Harmony Theory [J]. Journal of Hydrology, 2019, 574 (15): 226 - 241.

[25] 姜文仙. 社会主义新农村建设背景下的农村消费问题研究 [D]. 上海: 华东师范大学, 2007.

[26] 大卫·皮尔斯. 绿色经济的蓝图 [M]. 北京: 北京师范大学出版社, 1996: 13 - 35.

[27] 张志强, 程国栋, 徐中民. 可持续发展评估指标、方法及应用研究 [J]. 冰川冻土, 2002, 215 (4): 344 - 360.

[28] Yuan Y, Jin M, Ren J, et al. The Dynamic Coordinated Development of a Regional Environment-tourism-economy System: a Case Study From Western Hunan Province, China [J]. Sustainability, 2014, 6 (8): 5231 - 5251.

[29] Held B, Rodenhaeuser D, Diefenbacher H, et al. The National and Regional Welfare Index (nwi/rwi): Redefining Progress in Germany [J]. Ecological Economics, 2018, 145: 391 - 400.

[30] Atkinson RD, Nager A. The 2014 State New Economy Index [J]. Social Ence Electronic Publishing, 2014, 1256 (125): 3012 - 3066.

[31] Qaiser B, Nadeem S, Siddiqi MU, et al. Relationship of Social Progress Index (spi) with Gross Domestic Product (gdp Ppp Per Capita): the Moderating Role of Corrup-

tion Perception Index (cpi) [J]. Pakistan Journal of Engineering Technology and Science, 2017, 7 (1): 61 - 76.

[32] Liverman DM, Hanson ME, Brown BJ, et al. Global Sustainability: Toward Measurement [J]. Environmental Management, 1988, 12 (2): 133 - 143.

[33] Slyunina VA, Kamyshanchenko EA. Alternative Economic Indicators [EB/OL]. Belgorod: National University of Belgorod. 2013 - 1 - 1 (2013 - 3 - 1) [2020 - 8 - 1]. http://dspace. bsu. edu. ru/bitstream/123456789/14572/1/Slyunina _ Alternative _ 13. pdf.

[34] 叶文虎, 仝川. 联合国可持续发展指标体系述评 [J]. 中国人口·资源与环境, 1997, 7 (3): 83 - 87.

[35] 唐剑武. 环境承载力及其在环境规划中的初步应用 [J]. 中国环境科学, 1997, 17 (1): 6 - 9.

[36] 张世秋. 可持续发展环境指标体系的初步探讨 [J]. 世界环境, 1996, (3): 8 - 9.

[37] 牛文元. 可持续发展理论的基本认知 [J]. 地理科学进展, 2008, 3 (3): 1 - 6.

[38] 魏一鸣, 刘兰翠, 范英, 等. 中国能源报告: 碳排放研究: 2008 [M]. 北京: 科学出版社, 2008: 13 - 35.

[39] Brooks DB. Energy, economics & environment [J]. Canadian Journal of Public Health, 1985, 23 (76): 92 - 94.

[40] Che BQ, Zhu CG, Meng ZY, et al. The Process, structure and Mechanisms of Coordinated Development Between Economy and Society in Jiangsu [J]. Geographical Research, 2012, 13 (6): 797 - 803.

[41] 崔东文. 基于模式识别的区域水资源与经济社会协调度评价 [J]. 水利经济, 2013, 31 (5): 15 - 19, 75 - 76.

[42] 刘丙军, 陈晓宏, 雷洪成, 等. 流域水资源供需系统演化特征识别 [J]. 水科学进展, 2011, 22 (3): 331 - 336.

[43] 花建慧. 基于循环经济的水资源开发利用模式及对策 [J]. 中国国土资源经济, 2008, 242 (1): 10 - 11, 34, 46.

[44] 李芳林, 臧凤新, 赵喜仓. 江苏省环境与人口、经济的协调发展分析——基于环境安全视角 [J]. 长江流域资源与环境, 2013, 22 (7): 832.

[45] 陈俊贤, 蒋任飞, 陈艳. 水库梯级开发的河流生态系统健康评价研究 [J]. 水利学报, 2015, 46 (3): 334 - 340.

[46] 刘求实, 沈红. 区域可持续发展指标体系与评价方法研究 [J]. 中国人口·资源与环境, 1997, 12 (4): 60 - 64.

[47] Adolfo CP, Juan LCD. Environmental Policies for Sustainable Development: An Analysis of the Drivers of Proactive Environmental Strategies in the Service Sector [J]. Business Strategy & the Environment, 2015, 24 (8): 802 - 818.

[48] Feuk L, Carson AR, Scherer SW. Structural variation in the human genome. Nat Rev Genet, 2006, 7: 85 - 97.

[49] Sovacool BK. A qualitative factor analysis of renewable energy and Sustainable Energy for All (SE4ALL) in the Asia-Pacific [J]. Energy Policy, 2013, 59: 393-403.

[50] Kaneesamkandi Z, Rehman AU, Usmani YS, et al. Methodology for Assessment of Alternative Waste Treatment Strategies Using Entropy Weights [J]. Sustainability, 2020, 12 (16): 6689.

[51] Radu AL, Scrieciu MA, Caracota DM. Carbon Footprint Analysis: Towards a Projects Evaluation Model for Promoting Sustainable Development [J]. Procedia Economics & Finance, 2013, 6: 353-363.

[52] Wayne ott. Environmental Indices-Theory and Practice [M]. Ann Arbor Science Publishers, 2016.

[53] Seferaj K. Sustainable Development Aspects in Cross-Border Cooperation Programmes: The Case of Macedonia and Albania [J]. Romanian Journal of European Affairs, 2014, 14 (4): 18.

[54] 吕王勇, 陈美香, 王波, 等. 基于主成分的区域水资源与社会经济的协调度评价 [J]. 水资源与水工程学报, 2011, 22 (1): 122-125.

[55] 潘安娥, 陈丽. 湖北省水资源利用与经济协调发展脱钩分析——基于水足迹视角 [J]. 资源科学, 2014, 36 (2): 328-333.

[56] 杜湘红. 水资源环境与社会经济系统耦合建模和仿真测度——基于洞庭湖流域的研究 [J]. 经济地理, 2014, 34 (8): 151-155.

[57] Cui D, Chen X, Xue Y, et al. An Integrated Approach to Investigate the Relationship of Coupling Coordination Between Social Economy and Water Environment on Urban Scale-a Case Study of Kunming [J]. Journal of Environmental Management, 2019, 234 (15): 189-199.

[58] 唐德善. 大流域水资源多目标优化分配模型研究 [J]. 河海大学学报, 1992, 12 (6): 40-47.

[59] 李丽琴, 王志璋, 贺华翔, 等. 基于生态水文阈值调控的内陆干旱区水资源多维均衡 配置研究 [J]. 水利学报, 2019, 50 (3): 377-387.

[60] 王浩, 游进军. 水资源合理配置研究历程与进展 [J]. 水利学报, 2008, 385 (10): 1168-1175.

[61] 孙月峰, 张胜红, 王晓玲, 等. 基于混合遗传算法的区域大系统多目标水资源优化配 置模型 [J]. 系统工程理论与实践, 2009, 29 (1): 139-144.

[62] 董会忠, 姚孟超, 张峰, 等. 京津冀水资源承载力模糊评价及关键驱动因素分析 [J]. 科技管理研究, 2019, 23 (11): 93-102.

[63] Wang QS, Yuan XL, Cheng XX. Coordinated development of energy, economy and environment subsystems: acase study [J]. Ecological Indicators, 2014, 46 (5): 514-523.

[64] Morshed J, Kaluarachchi JJ. Application of artificial neural network and genetic algorithm in flow and transport simulations [J]. Advances in Water Resources, 1998, 22

（2）：145 - 158.

[65] Madani K，Marino MA. System Dynamics Analysis for Managing Iran's Zayandeh-Rud River Basin [J]. Water Resources Management，2009，23（11）：2163 - 2187.

[66] Prodanovic P，Simonovic RP. An Operational Model for Support of Integrated Watershed Management [J]. Water Resources Management，2010，24（6）：1161 - 1194.

[67] Davies EGR，Simonovic SP. Global water resources modeling with an integrated model of the social-economic-environmental system [J]. Advances in Water Resources，2011，34（6）：684 - 700.

[68] 宋学锋，刘耀彬. 基于 SD 的江苏省城市化与生态环境耦合发展情景分析 [J]. 系统工程理论与实践，2006，34（3）：124 - 130.

[69] 潘婧，杨山，沈芳艳. 基于系统动力学的港城耦合系统模型构建及仿真——以连云港为例 [J]. 系统工程理论与实践，2012，32（11）：2439 - 2446.

[70] 梁磊磊. 黄土高原丘陵区农业生态经济系统耦合发展模式研究 [D]. 杨凌：西北农林科技大学，2010.

[71] 汪小帆，王执铨，宋文忠. 耦合系统中时空混沌的神经网络控制方法 [J]. 控制理论与应用，1999，32（2）：3 - 5.

[72] 王俊国. 基于神经网络的建模方法与控制策略研究 [D]. 武汉：华中科技大学，2004.

[73] 齐冬莲. 连续混沌动力学系统的控制理论研究 [D]. 杭州：浙江大学，2002.

[74] 武强，周英杰，董云峰，等. 基于地理信息系统与人工神经网络耦合技术的产油潜力评价模型 [J]. 石油大学学报（自然科学版），2004，23（5）：18 - 22.

[75] 刘耀彬，李仁东，宋学锋. 中国区域城市化与生态环境耦合的关联分析 [J]. 地理学报，2005，126（2）：237 - 247.

[76] 谢克明，杨博，谢刚. 一种基于概率统计算法的耦合度分析法 [J]. 太原理工大学学报，1999，23（2）：3 - 5.

[77] 王煜，彭少明，郑小康. 黄河流域水量分配方案优化及综合调度的关键科学问题 [J]. 水科学进展，2018，29（5）：614 - 624.

[78] 邓伟，张少尧，张昊，等. 人文自然耦合视角下过渡性地理空间概念、内涵与属性和研究框架 [J]. 地理研究，2020，39（4）：761 - 771.

[79] Evrendilek F，Wali MK. Modelling Long-term C Dynamics in Croplands in the Context of Climate Change：a Case Study From Ohio [J]. Environmental Modelling & Software，2001，16（4）：361 - 375.

[80] Bald J，Borja A，Muxika I. A System Dynamics Model for the Management of the Gooseneck Barnacle（pollicipes Pollicipes）in the Marine Reserve of Gaztelugatxe（northern Spain）[J]. Ecological Modelling，2006，194（1）：306 - 315.

[81] Arquitt S，Johnstone R. Use of System Dynamics Modelling in Design of an Environmental Restoration Banking Institution [J]. Ecological Economics，2008，65（1）：63 - 75.

[82] Milik A，Prskawetz A，Feichtinger G，et al. Slow-fast Dynamics in Wonderland [J]. Environmental Modeling & Assessment，1996，1 (1)：3 - 17.

[83] Costanza R，Gottlieb S. Modelling Ecological and Economic Systems with Stella：Part Ⅱ [J]. Ecological Modelling，1998，112 (2)：0 - 84.

[84] Robert C，Alexey V. Modeling Ecological and Economic Systems with Stella：Part Ⅲ [J]. Ecological Modelling，2001，12 (2)：12 - 24.

[85] Berling-wolff S，Jianguo WU. Modeling Urban Landscape Dynamics：a Review [J]. Ecological Research，2010，19 (1)：119 - 129.

[86] Gueneralp B，Seto KC. Environmental Impacts of Urban Growth From an Integrated Dynamic Perspective：a Case Study of Shenzhen，South China [J]. Global Environmental Change，2008，18 (4)：720 - 735.

[87] Dyson B，Chang NB. Forecasting Municipal Solid Waste Generation in a Fast-growing Urban Region with System Dynamics Modeling [J]. Waste Management，2005，25 (7)：669 - 679.

[88] Woodwell JC. A Simulation Model to Illustrate Feedbacks Among Resource Consumption，Production，and Factors of Production in Ecological-economic Systems [J]. Ecological Modelling，1998，112 (2)：227 - 248.

[89] Barredo JI，Kasanko M，Mccormick N，et al. Modelling Dynamic Spatial Processes：Simulation of Urban Future Scenarios Through Cellular Automata [J]. Landscape & Urban Planning，2003，64 (3)：145 - 160.

[90] Meadows Donella，于树生译. 增长的极限 [M]. 北京：商务印书馆，1984：156 - 206.

[91] Verma P，Raghubanshi AS. Urban Sustainability Indicators：Challenges and Opportunities [J]. Ecological Indicators，2018，93 (2)：1 - 2.

[92] 王艳，李思一，吴叶君，等. 中国可持续发展系统动力学仿真模型——社会部分 [J]. 计算机仿真，1998，6 (1)：3 - 5.

[93] 吴叶君，王艳，黄振中，等. 中国可持续发展系统动力学仿真模型——能源部分 [J]. 计算机仿真，1998，13 (1)：3 - 5.

[94] 王建华，姜大川，肖伟华，等. 水资源承载力理论基础探析：定义内涵与科学问题 [J]. 水利学报，2017，48 (12)：1399 - 1409.

[95] 韩成吉，王国刚，朱立志. 畜禽粪污土地承载力系统动力学模型及情景仿真 [J]. 农业工程学报，2019，35 (22)：170 - 180.

[96] 李岩，王珂，才琪，等. 浙江省县域森林生态承载力评价及时空演变分析 [J]. 长江流域资源与环境，2019，28 (3)：554 - 564.

[97] 汤洁，佘孝云，林年丰. 吉林省大安市生态环境规划系统动力学仿真模型 [J]. 生态学报，2005，45 (5)：1178 - 1183.

[98] Odum HT. Modeling for All Scales：an Introduction to System Simulation [M]. Pittsburgh：Academic Press，2000：123 - 215.

[99] Lefroy E, Rydberg T. Emergy Evaluation of Three Cropping Systems in Southwestern Australia [J]. Ecological Modelling, 2003, 161 (3): 195-211.

[100] Ulgiati S, Odum HT, Bastianoni S. Emergy Use, Environmental Loading and Sustainability an Emergy Analysis of Italy [J]. Ecological Modelling, 1994, 73 (3): 215-268.

[101] Liu H, Zhou G, Wennersten R, et al. Analysis of Sustainable Urban Development Approaches in China [J]. Habitat International, 2014, 41 (5): 24-32.

[102] Martens P. Sustainability: Science or Fiction? [J]. Ieee Engineering Management Review, 2007, 35 (3): 70-70.

[103] Parris TM, Kates RW. Characterizing a Sustainability Transition: Goals, Targets, Trends, and Driving Forces [J]. Proceedings of the National Academy of Sciences, 2003, 100 (14): 8068-8073.

[104] Jaňour EZ. A Gis-based Approach to Spatio-temporal Analysis of Environmental Pollution in Urban Areas: a Case Study of Prague's Environment Extended By Lidar Data [J]. Ecological Modelling, 2006, 12 (2): 214-251.

[105] MatějíČek L, Benešová L, Tonika J. Ecological Modelling of Nitrate Pollution in Small River Basins by Spreadsheets and Gis [J]. Ecological Modelling, 2003, 170 (2): 245-263.

[106] Pei XB, Zhao DZ. A GIS-SD-based Spatio-temporal Modelling and Regulating Policies on Water Pollution in Dalian Gulf [J]. Journal of remote sensing, 2000, 4 (2): 118-124.

[107] 李小建, 文玉钊, 李元征, 等. 黄河流域高质量发展: 人地协调与空间协调 [J]. 经济地理, 2020, 40 (4): 1-10.

[108] 林常青. 基于生态网络分析的流域水生态承载力研究及调控 [D]. 北京: 北京化工大学, 2019.

[109] 姜仁贵, 史全乐, 解建仓, 等. 黄河流域灌区生态环境演变仿真系统研究 [J]. 人民黄河, 2020, 42 (3): 55-58, 76.

[110] 丁阳. 生态-经济-社会协调发展模型研究 [D]. 武汉: 武汉理工大学, 2015.

[111] 王猛飞. 区域水资源、经济发展和生态环境协调度研究 [D]. 郑州: 华北水利水电大学, 2016.

[112] 彭少明. 流域水资源调配决策理论与方法研究 [D]. 西安: 西安理工大学, 2008.

[113] 王浩, 严登华, 贾仰文, 等. 现代水文水资源学科体系及研究前沿和热点问题 [J]. 水科学进展, 2010, 21 (4): 479-489.

[114] 王浩, 贾仰文. 变化中的流域"自然-社会"二元水循环理论与研究方法 [J]. 水利学报, 2016, 47 (10): 1219-1226.

[115] Brown LR. Building a Sustainable Society [J]. Society, 1982, 12 (1): 12-17.

[116] Costanza R, Daly HE. Natural Capital and Sustainable Development [J]. Conservation Biology, 1992, 6 (1): 124-134.

[117] 杨玉珍. 快速城镇化地区生态-环境-经济耦合协同发展研究综述 [J]. 生态环境学报，2014，23（3）：541-546.

[118] Tanona S. Theory, Coordination, and Empirical Meaning in Modern Physics [J]. Philosophy, 2010, 323 (5): 214-220.

[119] 龚映清. 城乡商品市场耦合度模型及其评价 [J]. 兰州学刊，2010，206（11）：73-76.

[120] 朱磊. 综合运输通道运输方式耦合协调性研究 [D]. 西安：长安大学，2014.

[121] 宁哲. 我国森林生态与林业产业耦合研究 [D]. 哈尔滨：东北林业大学，2007.

[122] 张妍，尚金城，于相毅. 城市经济与环境发展耦合机制的研究 [J]. 环境科学学报，2003，42（1）：107-112.

[123] 付燕荣，邓念，彭其渊，等. 协同学理论与应用研究综述 [J]. 天津职业技术师范大学学报，2015，25（1）：44-47.

[124] 伏吉芮，瓦哈甫·哈力克，姚一平. 吐鲁番地区水资源-经济-生态耦合协调发展分析 [J]. 节水灌溉，2016，256（12）：94-98，102.

[125] 彭立，刘邵权. 三峡库区农村发展系统评价与空间格局分析 [J]. 农业工程学报，2013，29（2）：239-249.

[126] 赵传松，任建兰，陈延斌，等. 中国科技创新与可持续发展耦合协调及时空分异研究 [J]. 地理科学，2018，38（2）：214-222.

[127] 刘耀彬，李仁东，宋学锋. 中国城市化与生态环境耦合度分析 [J]. 自然资源学报，2005，45（1）：105-112.

[128] Liu H, Cui D, Yan J, et al. Evaluation and Analysis of Coupling and Coordination Between Urbanization and Ecological Environment in Yining [J]. Environmental Science & Technology, 2019, 33 (3): 230-236.

[129] 刘希刚，王永贵. 习近平生态文明建设思想初探 [J]. 河海大学学报（哲学社会科学版），2014，16（4）：27-31，90.

[130] 习近平. 关于中国特色社会主义理论体系的几点学习体会和认识 [J]. 求是，2008，476（7）：3-16.

[131] 左其亭. 人水和谐论及其应用研究总结与展望 [J]. 水利学报，2019，50（1）：135-144.

[132] 赵荣钦，李志萍，韩宇平，等. 区域"水-土-能-碳"耦合作用机制分析 [J]. 地理学报，2016，71（9）：1613-1628.

[133] 王浩，龙爱华，于福亮，等. 社会水循环理论基础探析 I：定义内涵与动力机制 [J]. 水利学报，2011，42（4）：379-387.

[134] Gao CC, Wang AL, Guo XY, et al. The Structure and Development of Regional Ecological Water Conservancy Economic System [J]. Journal of Coastal Research, 2020, 103 (2): 65-69.

[135] 荣慧芳，方斌. 基于重心模型的安徽省城镇化与生态环境匹配度分析 [J]. 中国土地科学，2017，31（6）：34-41.

[136] 姚志春，安琪. 区域水资源生态经济系统耦合关系分析 [J]. 水资源与水工程学报，2011，22 (5)：63 - 68.

[137] 蒋天颖，华明浩，许强，等. 区域创新与城市化耦合发展机制及其空间分异——以浙江省为例 [J]. 经济地理，2014，34 (6)：25 - 32.

[138] 黄剑坚，王保前. 我国系统耦合理论和耦合系统在生态系统中的研究进展 [J]. 防护林科技，2012，110 (5)：57 - 61.

[139] 万里强，侯向阳，任继周. 系统耦合理论在我国草地农业系统应用的研究 [J]. 中国生态农业学报，2004，23 (1)：167 - 169.

[140] 谢季坚，刘承平. 模糊数学方法及其应用 [M]. 武汉：华中科技大学出版社，2013：35 - 65.

[141] 王兆峰，杜瑶瑶. 长江中游城市群交通-旅游产业-生态环境的耦合协调评价研究 [J]. 长江流域资源与环境，2020，29 (9)：1910 - 1921.

[142] 左其亭，郝明辉，姜龙，等. 幸福河评价体系及其应用 [J/OL]. 水科学进展：1 - 13.

[143] 王浩，胡鹏. 水循环视角下的黄河流域生态保护关键问题 [J]. 水利学报，2020，51 (9)：1009 - 1014.

[144] 胡春宏，张治昊. 论黄河河道平衡输沙量临界阈值与黄土高原水土流失治理度 [J]. 水利学报，2020，51 (9)：1015 - 1025.

[145] 刁艺璇，左其亭，马军霞. 黄河流域城镇化与水资源利用水平及其耦合协调分析 [J]. 北京师范大学学报（自然科学版），2020，56 (3)：326 - 333.

[146] 夏军. 黄河流域综合治理与高质量发展的机遇与挑战 [J]. 人民黄河，2019，41 (10)：157.

[147] 王介勇，吴建寨. 黄河三角洲区域生态经济系统动态耦合过程及趋势 [J]. 生态学报，2012，32 (15)：4861 - 4868.

[148] Muhammet D, Ender Ö, Robert J, et al. A Study on Offshore Wind Farm Siting Criteria Using a Novel Interval-valued Fuzzy-rough Based Delphi Method [J]. Journal of Environmental Management，2020，270 (13)：245 - 253.

[149] 刘小勇，傅渝亮，李晓晓，等. 河湖长制工作综合评估指标与方法研究 [J]. 人民长江，2020，51 (10)：42 - 46，104.

[150] Huang C, Yan Z, Chen S, et al. Two-stage Market Clearing Approach to Mitigate Generator Collusion in Eastern China Electricity Market Via System Dynamics Method [J]. Iet Generation, Transmission & Distribution，2019，13 (15)：255 - 263.

[151] 刘传国. 生态规划指标体系级循环经济体系构建研究 [D]. 大连：中国海洋大学，2004.

[152] 兰国良. 可持续发展指标体系建构及其应用研究 [D]. 天津：天津大学，2004.

[153] 周亮广. 安徽省水资源与社会经济协调发展空间分布研究 [J]. 南水北调与水利科技，2013，11 (4)：149 - 152.

[154] 李伟红，盖美. 大连市水资源与社会经济协调度分析 [J]. 水利科学与经济，2008，

14 (1)：45－48.

[155] 林凯荣，陈钊华，黄淑娴. 广州市水资源与社会经济发展协调分析 [J]. 珠江现代建设，2012，167 (3)：1－5.

[156] 赵翔，陈吉江，毛洪翔. 水资源与社会经济生态环境协调发展评价研究 [J]. 中国农村水利水电，2009，23 (9)：58－62.

[157] 李波，李春娇，王铁良. 辽宁省水资源生态经济系统协调发展评价 [J]. 沈阳农业大学学报，2013，44 (2)：241－244.

[158] 刘承良，熊剑平，龚晓琴，等. 武汉城市圈经济-社会-资源-环境协调发展性评价 [J]. 经济地理，2009，29 (10)：1650－1654，1695.

[159] 赵祥祥. 洞庭湖生态经济区经济发展与环境保护协调研究 [D]. 长沙：湖南师范大学，2013.

[160] 李秀娟. 吉林省国有林区经济社会环境系统协调发展评价研究 [D]. 北京：北京林业大学，2008.

[161] 李勇，王金南. 经济与环境协调发展综合指标与实证分析 [J]. 环境科学研究，2006，34 (2)：62－65，111.

[162] 高伟，陈岩，郭怀成. 基于"评价-模拟-优化"的流域环境经济决策模型研究 [J]. 环境科学学报，2014，34 (1)：250－258.

[163] 杨丽花，佟连军. 吉林省松花江流域经济发展与水环境质量的动态耦合及空间格局 [J]. 应用生态学报，2013，24 (2)：503－510.

[164] 刘国才. 流域经济要与环境保护协调发展 [J]. 环境经济，2007，42 (6)：8－12.

[165] 梁静. 河南省淮河流域社会-经济-水资源-水环境（SERE）协调发展研究 [D]. 郑州：郑州大学，2014.

[166] 中华人民共和国水利部. 中国水资源公报 [M]. 北京：中国水利水电出版社，2018：12－21.

[167] 中华人民共和国国家统计局. 中国统计年鉴 [Z]. 北京：中国统计出版社，2018：13－25.

[168] 王举才，席磊，赵晓莉，等. 基于模糊综合评判的可视化叶色模型数据标准化 [J]. 农业工程学报，2011，27 (11)：155－159.

[169] Wang AL，Gao CC. Study on the Relationship of Spatio-Temporal Matching between Water Resources and Economic Development Factors in the Yellow River Basin [J]. Fresenius Environmental Bulletin，2018，27 (10)：6591－6597.

[170] 王志忠，巩俊霞，陈述江，等. 东平湖水域浮游植物群落组成与生物量研究 [J]. 长江大学学报（自然科学版），2011，8 (5)：1，235－240.

[171] 王志忠，巩俊霞，陈金萍，等. 东平湖浮游动物群落特征与水体营养类型评价 [J]. 广东农业科学，2012，39 (7)：172－174，180.

[172] 董贯仓，刘超，李秀启，等. 东平湖底栖动物群落特征及水环境分析 [J]. 生物学杂志，2015，32 (1)：39－43.

[173] 邓聚龙. 灰色系统基本方法 [M]. 武汉：华中科技大学出版社，2005：34－45.

[174] 刘思峰，谢乃明. 灰色系统理论及其应用 [M]. 北京：科学出版社，2008：42-50.

[175] 方华，李娟. 东平县节水型社会建设的实践与思考 [J]. 山东水利，2009，12 (11)：62-63.

图书在版编目（CIP）数据

黄河流域中下游水资源-经济-生态耦合协调发展及应
用研究 / 王爱丽著. —北京：中国农业出版社，
2022.12
ISBN 978-7-109-29937-5

Ⅰ.①黄… Ⅱ.①王… Ⅲ.①黄河流域－水资源利用
－可持续性发展－研究②黄河流域－区域经济发展－研究
③黄河流域－生态环境－可持续性发展－研究 Ⅳ.
①TV213.4②F127③X321.2

中国版本图书馆CIP数据核字（2022）第243594号

中国农业出版社出版

地址：北京市朝阳区麦子店街18号楼
邮编：100125
责任编辑：王秀田 文字编辑：张楚翘
版式设计：王 晨 责任校对：吴丽婷
印刷：北京中兴印刷有限公司
版次：2022年12月第1版
印次：2022年12月北京第1次印刷
发行：新华书店北京发行所
开本：700mm×1000mm 1/16
印张：10.25
字数：200千字
定价：78.00元